尽善尽美  弗求弗迪

美 迪 润 禾 书 系

我的 7 张生活技能卡

［意］ 阿尔贝托·佩莱（Alberto Pellai）
芭芭拉·坦博里尼（Barbara Tamborini） ◎著

杨苏华 ◎译

电子工业出版社
Publishing House of Electronics Industry
北京·BEIJING

本书中文简体版专有翻译出版权由Grandi & Associati通过Rightol Media授予电子工业出版社。未经许可，不得以任何手段和形式复制或抄袭本书内容。
版权贸易合同登记号 图字：01-2022-5189

图书在版编目（CIP）数据

我的7张生活技能卡/（意）阿尔贝托·佩莱（Alberto Pellai），（意）芭芭拉·坦博里尼（Barbara Tamborini）著；杨苏华译. —北京：电子工业出版社，2023.1
（美迪润禾书系）
书名原文：Destinazione Vita
ISBN 978-7-121-44345-9

Ⅰ.①我… Ⅱ.①阿… ②芭… ③杨… Ⅲ.①生活－能力培养－青少年读物 Ⅳ.①TS976.3-49

中国版本图书馆CIP数据核字（2022）第176802号

责任编辑：杨　雯
印　　刷：三河市兴达印务有限公司
装　　订：三河市兴达印务有限公司
出版发行：电子工业出版社
　　　　　北京市海淀区万寿路173信箱　　邮编：100036
开　　本：880×1230　1/32　印张：7.625　字数：123.5千字
版　　次：2023年1月第1版
印　　次：2023年1月第1次印刷
定　　价：59.00元

凡所购买电子工业出版社图书有缺损问题，请向购买书店调换。若书店售缺，请与本社发行部联系，联系及邮购电话：（010）88254888，88258888。
质量投诉请发邮件至 zlts@phei.com.cn，盗版侵权举报请发邮件至 dbqq@phei.com.cn。
本书咨询联系方式：（010）57565890，meidipub@phei.com.cn。

目　录

前　言

田野冈大和：生活与生存的艺术

日本男孩田野冈大和如今已经是一名青少年了。七岁那年，有整整一个星期的时间，这个男孩让全世界的人都为他捏了一把汗。当时他跟着父母去北海道岛上的山林里游玩，散步的时候，顽皮的大和朝着其他游客停在路边的车辆掷起了石块。父亲非常生气，立刻喝令他上车，要把他带回家去。然而，就在准备出发的时候，他决定给儿子点教训，让他记住以后不可以再做这样的事情。他把大和赶下了车，扬言说要把他丢在山林里，没有大人会帮他，他必须自食其力。

事实上，父亲只是想吓唬吓唬儿子，让他认识到自己的错误，并不是真的要把他一个人丢在山林里。因此，车子开出500米后，父亲立刻掉头，准备回林子里把儿子接回来。

"经过这番教训他肯定知道以后该怎么做了。"父亲心想。

然而，不幸的是，当回到把大和赶下车的地方时，父亲却意外地发现儿子不见了。你一定能想象得出，亲手弄丢了自己的儿子后，这对父母当时心情有多么复杂！

他们立刻报了警。在接下来的一个星期里，无数的民兵、警察，还有成百上千位志愿者都加入了寻找大和的队伍。不只是日本，全世界在都为这个小朋友揪着心。而且，大和失踪的那片山区经常有熊出没，人们不免担心发生最坏的事情。不过，故事的结局所幸是好的：一个星期之后，大和被找到了。他还活着，虽然又累又饿，而且看起来也被吓得不轻，他也没有责怪任何人，而是欣然原谅并拥抱了自己的爸爸妈妈。

据大和自己讲述，第一天晚上，他沿着一座近千米高的大山，摸黑爬了好几个小时。后来，他找到了一间日本部队演习时用的库房，于是就躲了进去，等着别人来救他。晴天的时候，他会走出棚子，去看看周围的地形，但是都不走远。他能听到有直升机正在搜寻他，也能听到山林里野兽的叫声。

一个年仅七岁的男孩，竟然在如此极端的条件下独自生活了整整一个星期。被发现的时候，他只有轻微脱水的症状，除此之外一切正常，这实在令人难以置信。

他坚信家人一定正在找他，他一直抱有信心，相信自己迟早会平安得救。

为了确保大和没有受伤，他被送进了医院。在医院里，他和父亲进行了一次长谈，互相交流了自己的想法。父亲感到无比后悔，深深的自责感让他非常痛苦，但是儿子原谅了父亲。这个惊心动魄的故事到这里总算画上了一个圆满的句号。

需要的东西都装进背包了吗

有时候，我们的生活也跟发生在田野冈大和身上的事情很像。它会逼着你去走一段你从未预料到的道路。它迫使你偏离原来的航向，把你带到一个不为人知的地方，用你从来没有想象过的考验来挑战你。遇到这样的情况，你很可能跟当时的田野冈大和一样：你身上连生活必需品都没有，更别提其他装备了。没有人看得见你，也没有人能帮助你。这时候，你只能靠自己了，你要从自己的内心汲取能量和智慧来应对眼前的一切，然后勇敢地活下去。

想象一下，如果你要为这样的一段生命旅程准备行囊，你将会在里面放些什么呢？这是一个很严肃的问题，因为行囊里的东西将决定你的行程。你将如何冲过成年的终点线，将成为什么样的人，也与你放进行囊里的材料和工具密切相关。而且，这个行囊并不是只有在遇到像田野冈大和那样的极端情况才用得到，它在日常生活中也同样重要。我们所掌握的知识和生活技能，是我们追求梦想、实现人生目标的桥梁。

大和小朋友在荒无人烟的山林里独自生活了一个星期，这是多么了不起的奇迹。假如我们打开他的人生行囊，里面会有哪些优秀的品质和能力呢？

请你尝试列举大和面对如此严峻的挑战所展现出来的七种优秀能力：

下面是我们总结出来的答案：

- 勇敢。野兽的嚎叫声在陌生的山林深处回荡，大和战胜了内心的惊慌和恐惧，勇敢地独自入眠。

- 忍饥挨饿的能力。困在山林里的七天，大和所能找到的食物和水源都极其有限，但是他靠着大自然中现有的资源保证了生存所需的基本营养。这听起来十分不可思议，但是他确实做到了。

- 乐观。大和自己承认整个过程中他从来没有气馁过，他坚信自己的家人一定在寻找他，而且迟早一定会找到他。

- 抗压能力。大和的遭遇算得上是生活中最令人担忧的境遇之一。独自一人迷失在一个陌生的地方，不知道面临着什么样的危险。遇到这样的情况无论是谁都会压力巨大，无所适从。但是大和没有被压倒，他表现出了非凡的情绪控制力和自我调节能力。

- 自我效能[1]。这个词或许听起来有点陌生，不过它对应的是一种非常重要的品质。所谓自我效能，指的就是"感觉自己能行"，而不是现实意义上的真的"能行"。我们可以设想一下，假如在事发的一个星期

---

1 自我效能（Self-efficacy），也称个人效能，用于衡量个体本身对完成任务和达成目标的信念的程度或强度。——译者注

前我们问大和："你能离开妈妈和爸爸，独自在山林里生活一周吗？"大和很可能回答："这是什么问题，你疯了吗？！"而当事情真的摆在面前，大和却满怀信心，坚信自己能行，事实上他也确实做到了。面对如此艰巨的挑战，他默默地告诉自己："我能行。"相反，有多少人还没着手做一件事，就先打起了退堂鼓："反正我也做不到，所以没有必要尝试。"如果大和当时乱了阵脚，没有努力爬到山上去寻找藏身之处，他或许也就无法幸存下来。

- 宽容。大和的爸爸无疑犯了致命的错误。为了惩罚儿子的顽皮，他将七岁的大和置于如此危险的境地。然而，根据世界各地的媒体报道，大和被送到医院后，这对父子心平气和地促膝长谈，爸爸为自己犯下的错误向大和道歉，大和也欣然原谅了爸爸。

- 解决问题的能力。大和拥有众多优秀的素质和能力，但是解决问题的能力，他在事情发生的第一秒时就展现了出来。面对各种难题（如"我在哪里睡觉？""我吃什么？""我要怎样躲避危险？"），大和总是积极思考，寻找解决方案。身边没有任何人，他便选择依靠自己。

这些就是大和被救的时候我们在他的行囊里找到的优秀品质。

生活技能

浏览大和的各项技能，你觉得其中哪些是你也具有的？哪些又是你缺少的？

作为这本书的作者，我们自认为是乐观和宽容的。我们是四个孩子的父母，孩子们每天都在家里变着花样闯祸。我们努力乐观地面对，不去发怒和懊恼，而是心平气和地让他们认识到自己的错误。不然的话，我们的家很可能早就变成了战场，每天都互相开火，乱成一团。

学会生存，意味着要习得多种技能。有些技能我们虽然天生就具备，但是只有经过不断的试验和锻炼才能将它们激活，使其沿着正确的方向发展；有些技能不是我们天生就拥有的，需要在成长的过程中一点一点去学习。

因此，我们上面所说的那个想象出来的"行囊"里，盛放的其实就是我们这一生中所要用到的生活技能，而学习这些技能的黄金时期就是现在。如果不利用成长的时候去尝试和学习，几年过后，你很可能发现自己未来的发展会因为"黔驴技穷"而受阻。

1992 年，致力于提高世界各地人们健康水平的世界卫生组织曾经指出，我们每个人都有必要了解和掌握一定的生活技能，才能与他人和谐相处，从容地应对日常生活中的压力以及避免危险行为，比如，酒后骑摩托或驾驶汽车，吸食成瘾性药物，霸凌，有饮食障碍，等等。

亲爱的小读者，说了这么多，我们其实就是想告诉你，你手里的这本书能够帮助你更好地掌握这些生活技能。虽然你在学校很可能也在学习，但是它仍然是一个很好的补充，能够帮你为成年后的生活做好充足的准备。

世界卫生组织将各种各样的生活技能划分为三类：

1. 认知技能。指的是能够增强你的思考能力的技能，比如，解决问题的能力、做决定的能力、创新力以及批判性思维等。

2. 情感技能。指的是能帮助你更好地了解和管理情绪的技能，比如，自我认知的能力、高效交流的能力等。

　　3. 人际交往技能。你在生活中会遇到形形色色的人，与他们建立关系或相处，就需要用到人际交往技能，比如，管理压力的能力和共情能力等。

　　对于正在成长中的男孩女孩来说，究竟哪些技能才是最重要的呢？这个问题的答案有许多种，无论哪种都不可能告诉你过上幸福生活所需要的全部技能。但是在这本书里，你一定可以找到许多实用的建议，学会更好地与他人相处、与自己和解。

　　根据多年来从事青少年工作以及为人父母的经验，我们总结出了在我们看来对于应对前青春期和青春期的挑战尤其实用的七种技能。

　　我们建议你装入行囊的七种技能分别是：

- 解决问题
- 做出决定
- 管理压力
- 有效沟通
- 网络自律
- 共情能力
- 创新思维

学习生活技能，就像运动一样，需要不断训练。你必须先找到练习的场地，比如，健身房或操场；你得知道游戏规则，还要勇于付出，比如，流汗，尝试，犯错，再次尝试。生活技能训练，要求我们不断地去锻炼情感"肌肉"，在自己身上试验，在与他人的相处中练习。要学会为每一场胜利欢欣鼓舞，坦然面对每一次失败。学会"吃一堑，长一智"，每犯一次错误，都弄明白原因并想办法纠正，而不是因为犯错而自怨自艾。

如果你已经读过我们的另一本书《我的 6 个情绪朋友》，那么这本书就可以很自然地作为它的延续。对于没读过的读者，我们在这里有必要将其中一些重要的理念简要地介绍一下。

生活就像永无止境的激流回旋

我们每个人都是自己所感（我们的情感世界）和所思（我们的思想世界以及我们所赋予生活的意义）的混合体。

生活就像永无止境的激流回旋，人们一方面渴望寻求有意义且有趣、舒适而又刺激的经历，另一方面这种欲望又必须有足够成熟和足够强大的能力作为支撑。我们的生活就在这两者之间永无止境地回旋着前进。长大后，我们要踏上工作岗位，处理人际关系，为了让世界变得更加美好而付出自己的努力。为此，我们从现在开始就要做好准备。

对刺激的感官体验的追求是由我们大脑中一个叫作"情绪脑"的分区控制的，而促使我们有计划地上进、寻找和赋予生活以意义的大脑分区，我们称为"理智脑"。在我们的成长过程中，情绪脑和理智脑就像在打网球比赛，总是试图跟对方一争高下。在前青春期，比赛中占上风的几乎总是情绪脑。上中学的时候，我们的大脑渴望新鲜食物，痴迷于娱乐，这驱使我们不断寻求刺激的体验。

随着我们不断长大，比赛双方逐渐势均力敌，胜利的天平不再总是向情绪脑倾斜，因为理智脑的实力在一天天增强，逐渐可以跟情绪脑抗衡了。理智脑深沉而理性，它能预测到潜在的风险，防止我们因为冲动而去冒险，进而付出沉重的代价。同时，理智脑还是最能抗压的部分，能在需要付出辛劳时支持我们渡过难关。简而言之，我们可以这样认为：情绪脑喜欢走下坡路，你只需要松开刹车，就能毫不费力地一滑到底；相反，理智脑则对上坡路情有独钟。事实上，如果选择走下坡路，虽然一时痛快，但到头来你最多只能在底层卑微地仰望世界；如果选择向上攀登，就像登山一样，虽然要经历艰险陡峭的山路，但是一旦抵达山顶，就可以饱览那些走下坡路的人做梦才能见到的壮丽景色。

大脑的这两个部分生长步调不一致，是不是人类的进化程序出现了问题呢？当然不是！因为前青春期是我们人生中非常独特的一个阶段，是一个探索的时期，每个人都会有非常重要的发现。如果这时候我们的理智脑已经足够发达，每做一件事情都要先把所有后果考虑一遍，那么我们肯定就会错失无数新奇的体验，会早早地停止玩耍，停止对大自然的探索，会缩头缩脑，不再敢去尝试走任何不合逻辑的道路。

每个未成年人身边都需要有成年人保驾护航，充当他们的"理智脑"，保证他们处境的安全，这样一来，他们就可以尽情地进行那些"小型革命活动"，探索周围的世界。如果你的内心充满了体验强烈情感的渴望，那我要告诉你，这绝对是一件好事；因为这种渴望是一种难得的动力，能促使你去拥抱绚烂多彩的经历，结交喜欢的朋友，邂逅与你契合的机缘。长大以后，这种饱满的热情和不知疲倦的探索欲在一定程度上会丧失，不过到时我们会打开其他领域的大门，生活也会有别样的精彩。因此，希望你能尽情享受这段在大脑的带领下追求心跳和刺激的时光，但是同时也希望你能尽早明白，做事情要经过思考，知道哪些事情是有益的，哪些是有害的。

匹诺曹的困境

你看过匹诺曹的故事吗？作者卡洛·科洛迪（Carlo Collodi）在书中讲到了匹诺曹和卢奇诺罗的相遇，事情的经过大概是这样的。

匹诺曹和卢奇诺罗是好朋友。卢奇诺罗是整个学校最机灵、最调皮的孩子，但是匹诺曹却非常喜欢他。

有一天下午，匹诺曹去卢奇诺罗家里找他，发现他不在家。后来，匹诺曹在街上碰到了卢奇诺罗，他告诉匹诺曹，他要去另外一个地方生活，那是世界上最美好的地方，是真正的天堂！它的名字叫"玩乐国"。

　　这个玩乐国对我们的情绪脑来说也绝对是一个天堂。因为那里没有学校，没有老师，没有书本。在那个美好的地方，根本没有学习这件事，那里的孩子从早到晚地玩耍。

　　蟋蟀苦口婆心地告诉匹诺曹这种只有享乐、没有义务，不存在任何限制的地方非常危险；但是匹诺曹已经抵制不住玩乐的诱惑，他最终还是决定跟卢奇诺罗一起，爬上了驶向那座理想之国的马车。

　　匹诺曹的困境也是几乎所有少男少女的困境：在为以后的人生做准备的过程中，是走上坡路还是下坡路？是在人生之旅的行囊中放入无数刺激好玩的东西，还是重要且有用的能力和技能？正处于锻炼生活本领阶段的他们，每天都面临着这样的选择。然而，如果小匹诺曹不是我们所熟悉的那个叛逆木偶，而是从一开始就乖巧听话、对蟋蟀的忠告言听计从，那么他可能并不开心。大人们总希望小匹诺曹每时每刻都把识字课本捧在手上。虽说大人们知道什么对他来说才是最好的，但是如果他真的每天都被大人牵着鼻子走，那么他也就不会成为一个真正的人。成长就是一边体验，一边思考，在情感和理智这两座堤岸之间折腾。

仔细想一想，你每天其实也都经历着"匹诺曹的困境"。放学回到家，你要决定花多少时间学习（做功课不仅辛苦，有时候还有些无聊），花多少时间浏览社交网站、玩电子游戏以及跟朋友出去。最喜欢的电视剧刚演到最精彩的地方，你却突然意识到该去参加训练了，这时你一定很想随便找个借口留在家里。作业还是沙发？做功课还是见朋友？诱惑很多，选择很多，你必须确定好自己的航向。

情绪健身房：情绪也需要锻炼

在人生旅途中，我们的情绪"肌肉"可以给予我们重要支持，助我们勇敢前行。情绪"肌肉"也是可以训练的，这时我们就要用到理智脑。每当你调动自己的理智脑，决定去走上坡路，决定咬咬牙去实现一个重要的目标时，日复一日，你的人生行囊里就会积累越来越多的新技能。相反，如果你每次都为了省力而选择走下坡路，虽然能换来短暂的一身轻松，或者对着汗流浃背的攀登者轻蔑一笑，但是除此之外没

LIFE SKILLS

有任何收获。到头来，你很有可能会落得跟匹诺曹一样，后悔自己浪费了那么多的时间，错失了那么多磨炼自己的好机会。

我们可以将情绪脑和理智脑想象成一座两层楼高的房子。一楼入口处的门铃上写着"情绪脑"，你按响门铃，门打开了，展现在你面前的是一个真正的玩乐国：最新版的电子游戏、智能手机、高科技设备、装满饮料和各种冰激凌的冰箱，桌上摆满了炸肉排、炸薯条，还有各式各样的比萨和汉堡包；冰柜里还有几瓶啤酒，好啤酒一定要冰的才好喝，不然不是可惜了吗？除了美酒和美食，房间里还坐满了你的朋友，放着美妙的音乐和精彩的电影……

随后，你来到了二楼，看到门口写着"理智脑"三个字。进门后，你发现客厅里有一个巨大的书架，上面摆放着成千上万本书籍。冰箱里没有花里胡哨的饮料，只有水、鲜榨果汁、新鲜的水果以及大量的蔬菜。桌上放着各种食材，可以做出营养丰富的饭菜。旁边的房间里有一台跑步机和一根跳绳。现在我们来设想一下，如果可以自由选择接下来的一个星期待在哪里，你会做出怎样的决定呢？是一直待在二楼，读好书、吃健康的食物、锻炼身体，还是到一楼去，吃炸肉排、薯条和冰激凌，肆无忌惮地玩游戏，从早到晚地娱乐？

事实上，在前青春期和青春期阶段，你的大脑每天都面临着这样的选择：我是待在一楼尽情享受，还是爬到二楼去辛勤付出？神经科学家对 11 ～ 14 岁青少年的大脑进行长期研究后得出结论：毫无疑问，如果可以自由选择，他们的大脑将会选择一楼。

这正是青少年仍需要成年人（包括父母、老师、朋友、亲戚、教练……）监管的原因。你肯定时常觉得这些人讨厌，因为他们总是不知疲倦地赶你上楼，去理智脑所在的二楼。他们之所以这么做，是因为他们知道，在一个个调皮的卢奇诺罗背后，实际上潜藏着未来的阿尔伯特·爱因斯坦、萨曼塔·克里斯托福雷蒂、费德里卡·佩莱格里尼、年轻的毕加索或费德里科·费里尼。所以他们一次又一次地把懒洋洋的匹诺曹从舒服的沙发上拖下来，赶着他到楼上去读书、学习，吃富含营养的食物，塑造健康的体魄。只有经历两层楼之间的上上下下，你才能成为一个经得住生活考验的成年人。

会当凌绝顶，一切辛苦皆值得

接下来你将在本书中学到的生活技能，就像连接一楼和二楼的梯子。你将要付出辛劳，但是也将得到锻炼，收获本领，信心十足地迎接生活的挑战。看到这里，你也许感觉二楼就像一座监狱，一旦进去，就再也不能出来了。事实并非如此。经历过多次的攀爬之后，你会发现自己仿佛历经艰辛终于抵达了山顶，心中洋溢着前所未有的兴奋。那种在你的情绪脑中翻腾着的激动、喜悦、满足感和成就感，绝对不是坐在沙发上戴着耳机玩一局游戏所能体会到的。更准确地说，这种兴奋源自自我发现的惊喜。经过一番努力，你猛然发现，你也可以作为生活的主人公，征服新的知识版图，自己把握前进的方向，抵达预先设定好的目的地。这就像年满18周岁后拿到驾照的你第一次开车的情形。一直坐在汽车后座上的你，经过耐心等待，通过认真准备，拿下必要的考试，有一天竟然转换了角色，坐到了驾驶座上！情绪脑和理智脑就像你的左膀右臂，它们携手配合，陪伴你走完生活之旅。

　　当你舒舒服服地躺在情绪脑为你构筑的五星级套房里时，这本书就像一架梯子，摆在了你的面前。看完前言之后，你心里已经清楚地知道，把它从窗户里扔出去肯定是不明智的。既然知道了真相，就再也不能闭起眼睛假装若无其事了。现在你已经明白，虽然情绪脑的世界五彩斑斓，待起来非常舒服，但是如果你贪图享受，不履行自己的义务，最后一定会自食苦果。因此，请你鼓起勇气，接受挑战，勇敢地登上二楼吧！二楼的客厅不像一楼，打开门没有暖烘烘的热气迎面扑来，桌上也没有现成的美食。在这里，如果感到冷，你就要自己去弄明白如何开启暖气；如果肚子饿，你就要学会自己煮面或煎鸡蛋。你在这层楼和这本书里一定会学到非常多的东西，有了这些知识储备，你依然可以随时到楼下去逛一逛。不过，当卢奇诺罗跑来告诉你玩乐国是世界上唯一可以让人快乐的地方时，你也将有底气反驳他，告诉他这不是真的。这本书很有可能是大人送给你的，因为如果你自己手里有钱，肯定会去买点别的东西。但是请你相信我们，也请你一定要接受这个挑战。我向你保证，等你推开二楼的窗户，看向外面时，你会发现登高才能望远，高处的视野确实更好！那时候你就会对自己说："真开心啊，果然台阶没有白爬，努力没有白费！"

从哪里开始看

下面七种生活技能，哪些是你的背包里已经存在的？数量是否充足？请你先读一读每种技能的简短定义，然后想一想最近的一个月你是否使用过这种技能，用得多还是少。根据你对每种技能的体验，试着给自己打出一个分数，最低 1 分，最高 5 分，从而筛选出哪些技能还需要加强。为了使评估结果更加准确，你还可以邀请一个了解你的人为你打分，看看你们两个人得出的结论是否相似。然后，你就可以找到得分最低的技能所对应的章节，从那里开启你的阅读之旅。祝你旅途愉快！

解决问题

你善于解决问题吗？在遇到意外事件时，你能想出令自己满意的方案吗？

1	2	3	4	5

1	2	3	4	5

做出决定

你擅长做出理性的决定吗？一段时间后再回过头来看，是否仍然认为当时的决定是合理的？

1	2	3	4	5

1	2	3	4	5

管理压力

面对棘手的情况，你的抗压能力怎么样？无论如何都能尽全力做到最好吗？

1	2	3	4	5

1	2	3	4	5

有效沟通

你能准确地表达清楚自己的所思所感，让面前的人明白你的意思吗？

1	2	3	4	5

1	2	3	4	5

网络自律

你能熟练并合理地使用最常用的科技工具吗？

1	2	3	4	5

1	2	3	4	5

共情能力

当别人向你倾诉时，或者通过观察发现有人需要帮助时，你是否能很好地体会到别人的情绪并采用恰当的方式处理？

1	2	3	4	5

1	2	3	4	5

创新思维

当需要发明某些东西或者需要针对某个问题想出创新的解决方案时，你是否每次都有灵感，能提出有启发性的创意？

1	2	3	4	5

1	2	3	4	5

有一天，乔吉娅给我们写了一封信。如今，全世界都在经受新冠肺炎疫情的考验，每个人的生活都无奈地徘徊在管控和自由受限之间。所有人都备受煎熬，乔吉娅也不例外。虽然艰辛，但是乔吉娅毅然决定昂首挺胸地迎接挑战，在暴风雨中坚定地握紧船舵，驾驶着生命之舟勇敢向前。她信里的文字美极了，因此我们决定把它拿出来跟大家分享。这是一首关于生活、关于生命之美的赞歌，因为——正如乔吉

娅在信中所言——"有时候或许我们低估了'生命'
这个词，我们总是习惯于把它跟呼吸、跟物理意义上
的存在联系在一起，但是事实上生命有着更伟大、更
宽广的含义"。

　　生命是一个开放的课题，

　　请选择你最热爱的主题去钻研。

　　你热爱什么？这个问题可以有许多种不同的答
案，我可以回答我热爱写作，喜欢打排球，喜欢和闺
密们夜聊谈心，喜欢音乐在耳边环绕，也喜欢微风拂
过发丝……这么看来，或许我能给出的最好的答案就
是——我热爱生活。

　　我喜欢活在当下，这对我来说意味着要充分利用
每一秒钟，把生活过成让自己自豪的模样；意味着要
设立有挑战性的目标，也许未必全都能实现，但是每
次重新起跑时，我都会变得更快、更强。有时候我们
都低估了"生命"这个词，我们总习惯于把它跟呼吸、
跟物理意义上的存在联系在一起，但是事实上生命有
着更伟大、更宽广的含义。我们拥有变成某个人的可
能，并不是因为命运使然，而只是因为我们自身。这

就像在画布上作画，我们每天在画上添几笔，没有人会替你做决定，每一笔都是我们自己的选择，日复一日，最终完成一幅完整的画。生命也正因如此而美丽，生活的故事每天都在上演。这些经历让我们哭，让我们笑，我们痛苦着，爱着，成长着，只要一息尚存，就还在谱写新的故事。

在这段困难的时期，我学会了更加热爱生活，我逐渐明白微小的事物才是最美的，才能带给我最大的幸福感。8 月末赤脚漫步在沙滩上，为了晚上的派对和闺密们一起梳妆打扮，坐在餐桌前和爷爷奶奶聊聊天，在花园里读书，花时间跟自己相处，和远方的朋友久别重逢，和最好的朋友拥抱，听他／她在你耳边说"我很在乎你"。

这些宁静平和、无忧无虑的幸福瞬间，就是生活的意义。活着，就是要把自己的生活牢牢地把握在自己手里，主动做出决定；对人不冷漠，遇到事情不冷眼旁观；要树立自己的人格，即便世界看起来濒临坍塌，也不要停止相信自己。每一天，我们都有机会动手做大事，有机会登上飞机，有机会说一句"我爱你"，有机会帮助一个陷入困境的人，用自己的绵薄之力，让世界变得更加美好。这正是生命的魅力所在。生命是一份了不起的礼物，唯有尽全力将它过得精彩，才能收获满满的幸福。

因此，我热爱生活，它赋予了我做各种事情的可能性；而这一生要以什么样的方式度过，只能由我们自己做主。

乔吉娅·萨内蒂　二年级

第 1 章

解决问题

有问题，就一定有解决问题的有效方法

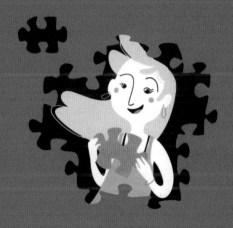

小测试

请阅读下列描述，然后根据自己的情况，勾选出对应的频率。完成所有题目后，计算出总分，看看你的测试结果。

- 遇到事情的时候我感觉自己可以搞定。

从不	极少	有时	常常	总是
1	2	3	4	5

- 遇到阻碍时我很快就会感到沮丧。

从不	极少	有时	常常	总是
5	4	3	2	1

- 如果我想做成一件自己很难做到的事情，我就会花很多时间去钻研。

从不	极少	有时	常常	总是
1	2	3	4	5

- 遇到问题的时候，我马上就会大发脾气。

从不	极少	有时	常常	总是
5	4	3	2	1

- 大家遇到问题会来找我帮忙解决。

从不	极少	有时	常常	总是
1	2	3	4	5

• 我觉得跟其他人合作解决问题只会徒增困难。

从不	极少	有时	常常	总是
5	4	3	2	1

• 遇到障碍时，我宁愿放弃，也不愿想办法克服。

从不	极少	有时	常常	总是
5	4	3	2	1

• 遇到问题时，我听不进别人的建议。

从不	极少	有时	常常	总是
5	4	3	2	1

• 我觉得共同商讨解决问题的方案还是有用的，虽然大家各有各的想法。

从不	极少	有时	常常	总是
1	2	3	4	5

• 遇到意外情况时，我会很崩溃。

从不	极少	有时	常常	总是
5	4	3	2	1

• 我会灵光一闪，想到解决问题的办法。

从不	极少	有时	常常	总是
1	2	3	4	5

- 如果我对一件事没有百分之百的把握，那我就连试也不会去试。

从不	极少	有时	常常	总是
5	4	3	2	1

- 我认为不论遇到什么事情，总归能找到解决的方法。

从不	极少	有时	常常	总是
1	2	3	4	5

- 我觉得自己不擅长解决那些打乱我的计划的问题。

从不	极少	有时	常常	总是
5	4	3	2	1

- 我喜欢把主动权掌握在自己手里、靠自己解决问题的感觉。

从不	极少	有时	常常	总是
1	2	3	4	5

测试结果

15 ~ 35分　遇到问题真倒霉

人生不可能一帆风顺，总会有意料之外的事情发生，而你最讨厌遇到麻烦！它们会让你变得紧张、沮丧或愤怒……你渴望拥有一根魔杖，轻轻一点，所有麻烦事就会凭空消失。如果你的得分落在这个区间，那么这一章的内容就是为你量身定做的！我们为你提供了具体的建议和策略，帮助你学会如何巧妙地解决问题。无论遇到多么棘手的麻烦你都将能从容应对，找到解决的方法。加油！

36～55分 我希望自己能应付得来

遇到意外情况或问题时，你会尝试面对，但是很容易气馁。你不太相信好运会降临，对自己更是信心不足，不相信自己有能力把事情搞定。你可以试着回忆一下最近一次你以令自己满意的方式解决了某个问题的经历。没错，在这一章里，我们将一起回顾平时遇到突发情况时你常用到的计策，同时也去学习一些新的方法。加油！

56～75分 有问题，就一定有可以解决问题的办法

这就是你的观念，每当事情进展不顺利，或者遇到麻烦扰乱了你的计划时，你从不会气馁，也不会

轻易放弃。为了解决问题，你会想尽各种办法，有时候靠自己，有时候向别人求助，这种锲而不舍的精神常常会给你带来极好的结果。在这一章中，你将收获给你的建议，从而进一步提升你在解决问题方面的能力。请你一定要把这种能力带到你所在的集体或团队中去，因为大家肯定都非常需要。继续保持吧！

小故事

曼努埃尔·博尔图佐：涅槃重生的男孩

1999 年，有一个叫曼努埃尔·博尔图佐（Manuel Bortuzzo）的男孩出生在意大利的的里雅斯特。从很小的时候起，曼努埃尔就深深地爱上了游泳。他勤奋练习，成为中距离游泳项目的明日之星。然而，2019 年 2 月 3 日，这位 19 岁男孩的生活永远地脱离了正轨。那天夜里，曼努埃尔和女朋友刚从一家酒吧出来，就看到两个陌生的年轻人朝他们走了过来，其中一个人突然朝着曼努埃尔的腹部开了一枪，然后拔腿就逃走了。在后续的调查中人们发现，两个歹徒竟然是因为认错了人而误伤了曼努埃尔，然而这时候追究原因已经不重要了，因为曼努埃尔成为运动员的梦想已然破灭。他接受了手术，在药物的作用下昏迷了整整三天。当他醒来的时候，发现自己的双腿已经失去了知觉，重新站起来走路的希望也非常渺茫。

尽管处境悲惨，但是曼努埃尔在第一时间安慰大家，说他很庆幸自己还活着。他理智地询问了事情的所有细节。有那么一个瞬间，他也忍不住自怨自艾，质问"为什么倒霉的偏偏是我？"，但是曼努埃尔很快就调整好了心态。他必须接受这个变故。他内心有一个声音，支撑他直面生活的暴击并重新扬帆起航："我之所以身处这种境地，是因为命运觉得我有能力面对它！"经过两个星期的住院治疗，曼努埃尔申请转移到康复中心进行训练，他的重生之旅也就此开启。再次回到游泳池里的时候，一切都变得那么艰难。然而，没过多久，他就靠着自己的毅力，将运动量提高到了每天游 4000 米（大约 160 圈）。他开始坚持每天上午训练，先去健身房，然后进游泳池，下午则接受理疗。从那时起，他的心情逐渐好了起来，他重新有了目标，然后为了超越目标而拼搏并快乐着。

现在，曼努埃尔有了新的工作：在各个学校里巡回演讲，向大家讲述自己的故事，还将自己的经历写成了一本书 [《那一年，我又重新赢得胜利》（*L'anno in cui ho ricominciato a vincere*），里佐利出版社，米兰，2019 年]。他想让所有人在遭遇来自生活的巨大打击时，都能像他一样，拿出勇气，不屈不挠地抗争到底。

漂流瓶悄悄对你说

🔾→ 生活中总是充满了挑战。有时候，也许并不存在一个完美的方案，也许你不确定该怎么处理，但是任何问题最后都是可以解决的。解决的方式或许跟你最开始预想的不一样，或者说不像你想象的那么容易和顺利。你要给自己一点时间，考虑问题的方方面面，尝试不同的方案。观察外部因素，倾听内心的声音，有需要的时候，要果断向那些爱你并且可以给予你帮助的人求助。

学会解决问题意味着什么

解决问题：生活的艺术

数学老师可能对你说过：如果你能解出他出的题目，那么你肯定也能解决生活中所遇到的问题。 不过，我们还是要客观地说一句，在应用题里计算一个人在超市里花了多少钱，跟我们在日常生活中遇到的实际问题还是有一定差别的。教练在挑选队员组建足球队时，坐在替补席上的你心急如焚，怎样才能被选中呢？同桌总是拿你开玩笑，怎样才能制止他呢？

问题的定义　通俗地说，在个人生活或公共场合中，任何或多或少地给我们带来困难、阻碍、疑问和不便并且需要面对和解决的情况、案例和事件，我们都称为"问题"。而数学中的"问题"，指的是需要根据某些已知的条件来推算另一个或多个未知的数据的一种题目。

这些问题如果也能用一台计算器解决就好了！

关于超市购物的题目，我们只需要做两种运算（加法和乘法），但是处理生活中的问题所需要的程序可比数学运算要复杂得多。根据上面的定义，你可以想想看昨天一天中你都遇到了哪些大大小小的问题。比如，忘了把作业抄在自己的本子上，只好想办法让别人告诉你。再比如，手机系统更新的时候遇到了问题，你必须得弄明白是怎么回事。又或者，该去参加球队组织的训练了，但是你家里没人能送你去。事实上，每个人每天都要处理无数的问题，有一些我们甚至都没发觉，因为只有在感觉到困难的时候，我们才会意识到那是一个问题。

从理论到实践：三种面对问题的方式

既然是问题，那就一定有解决的方法，即便有时候答案是隐蔽的、不容易发现的，但也一定是存在的。我们来举一个具体的例子。假设你得知自己的艺术考试没及格，那么你可能有三种不同的方式来面对这个问题：

1. 逃避。你会打听好老师下次什么时候再提问或检查作业，然后让爸爸妈妈到时候留在家里给你当挡箭牌。

2. 攻击。你会认为是老师故意刁难你，提问了很多上课没讲到的问题，不然你肯定可以考得更好。想到这里，一把怒火在你的心中燃烧起来。

3. 尝试。你会尽自己所能，为下一次考试做好准备，如果遇到困难，你会向其他人（父母、哥哥姐姐或同学老师）求助。

怎么样？你属于逃避型、攻击型还是尝试型？你可以回忆一下自己平时遇到问题时是怎么表现的，你会发现，其实大部分的问题都是由三种原因导致的：

• 你必须 / 想要去做一件困难的事情，但是感觉自己能力不够。

举例：你想和朋友们一起打排球，但是你打得不好，他们从来都不邀请你。

• 你必须 / 想要和某些人一起完成某件事，但是关于怎么做你们有不同的意见。

举例：你们要一起制定游戏规则，但是每个人都有自己的想法。

• 你必须 / 想要和某些人一起完成某件事，但是关于做什么你们有不同的意见。

举例：你们要给一位朋友挑选礼物，但是每个人都有不同的提议。

训练自己解决问题的能力，意味着要提高克服困难、扫除障碍的能力。在这一章中，我们将一起寻找答案。

为什么这种生活技能很重要

体育运动就像生活本身：解决问题需要辛勤付出和艰苦训练

从这个意义上来说，运动确实可以带给我们很多启示。运动场上的竞争往往非常激烈，而在高水平的竞技中，运动员们拼抢的就是获胜的希望。因此，每个运动员面临的都是同一个问题："我怎样才能拿到冠军？"

• 首先，最重要的是训练。流汗和辛苦是躲不掉的。你需要一遍又一遍地尝试，跌倒后立刻爬起来，不断地回看录像，找出需要改进的地方。

• 其次，你还需要一位了解你的强项和弱点的教练。他不仅要有关于这项运动的必要的技术储备，还要善于激励你，帮助你集中精力向着目标全力以赴，给你动力和压力，促使你咬牙坚持下去。有时候他会提高嗓门，逼着你流干最后一滴汗水，用尽最后一点力气。但是当你犯错和摔倒的时候，他又能耐心地给你安慰。他总能适时地伸出援手，帮你重新站起来，让你看到自己的潜力有多大。

- 最后，我们必须承认，想要取胜还需要一点运气。在体育比赛中，运气当然不能决定一切，但是有时候还是有用的。很多人说生活完全取决于运气，有的人从一出生就是幸运的，有的人则命途多舛。事实并非如此。

简而言之，为了解决"怎样才能拿冠军"的问题，运动员并没有太多的选择，只能刻苦训练，挥洒汗水，做出牺牲和付出，树立目标，选择一位优秀的教练。如果是团队项目，还要培养自己的"团队精神"。仅此而已。

不过，偶尔也有一些运动员试图走捷径，比如，使用兴奋剂（比赛中禁止使用的一类可以人为地提高身体效率和运动成绩的药物）。做出这种选择的运动员一心只想着取胜，为此他们可以无视规则、不择手段。落入兴奋剂陷阱的有很多著名运动员。美国运动员兰斯·阿姆斯特朗（Lance Armstrong）的兴奋剂丑闻一度闹得沸沸扬扬。从 1992 年到 2011 年，兰斯把所有自行车比赛的冠军都拿了个遍，被视为历史上最伟大的自行车赛车手之一。后来他被证实在使用兴奋剂，他的大部分奖牌都被国际自行车联盟和国际奥委会收回了。因此，这种捷径不可取，作弊的行为迟早会暴露，到时你定会身败名裂，陷入失意的深渊。

在学校取得优异的成绩：你用的是什么高招

我们上面所讲到的跟运动员和体育明星有关的问题，实际上你在刚进入高中的前两年也一样会遇到。高中的学习要比初中困难得多，因为学科、作业和课程都增加了不少。你需要做什么、不做什么不再由大人们给你规划好，而要由你自己决定。从初中进入高中，你需要采取正确的策略，应对这个新的挑战。

根据我们的经验，解决课业问题需要考虑的重要因素有以下几个。

• 时间。时间是一个至关重要的因素。步入高中，意味着你的任务会变得比小时候繁重。体育课要求更高了，训练的次数往往也会随之增加。朋友们开始组织各种活动邀约。每个下午都排得满满当当，让人感觉分身乏术。这就要求你必须学会管理时间，做出合理的安排。每天要做什么作业，要完成哪些任务，都需要提前规划好。你可以准备一个功课日程本，从而更方便地知道自己什么时候该学习什么科目。课余时间，你可以根据自己的安排，及时补习由于忙着做其他事情而落下的功课。

● 分心。你学习的时候会把手机放在哪里？会不会频繁地浏览社交软件、查看朋友的信息，翻看喜欢的博主的主页？有多少时间是在全神贯注地看书？又有多少时间看起来是在学习但其实是在忙其他事呢？能在学习的时候分散我们的注意力的东西实在是太多了，学会排除这些干扰非常重要。

托马斯知道自己很容易被手机里的花花世界吸引，于是决定在自己的房间里学习，把手机放在厨房。如果实在忍不住想看，他就起身到厨房里刷一刷最新的消息，但是坚决不把手机放在学习桌上。

卡罗拉采用的则是另一种策略，同样的问题，不同（但同样有效）的解决方案。"我知道自己很容易分心。于是，我每天下午安排至少三个时间段，每段15 ~ 20分钟，'强迫'自己在这段时间专心学习，不受任何干扰。我会把定时器放在写字台后面的小柜子上，这样我就看不到它。我会尽自己所能以最高的效率专心学习，等到定时器响起，我就会停下来，做任何自己想做的事。休息一会儿后，我会再次投入下一轮的紧张学习中。这种学习模式是在我受到健身的启发后总结出来的。我们都知道，如果想练出漂亮的肌肉，那么你必须选对器械，然后集中力量，进行高强度的训练。我由此意识到，注意力说到底也跟肌肉一样，必须得锻炼才行。于是，我就自创了上面这套学习方法。"

• 兴奋剂的诱惑。跟运动场上一样，校园里也有"肮脏伎俩"，比如，平时不努力学习，考试的时候反而靠作弊拿到一个漂亮的分数。有很多学生会让同学把做好的作业通过手机发过来，然后直接抄在本子上。第二天早上，他们会把抄来的作业原封不动地交给老师，心安理得地听老师夸一句"你真棒！"。更方便的是，无论数学题，还是英文、希腊文或拉丁文的翻译练习，现在都可以在网上找到现成的答案。看，这种行为跟运动员使用兴奋剂有什么区别呢？做出这种选择，意味着在面对"取得好成绩"这个问题时，你选择了一条捷径。也许最开始问题看起来好像解决了，但是从长远来看，为了圆谎，之后你不得不每次都抄袭，包括做课堂作业甚至考试的时候。

成长是一件无比美妙的事情……但问题多得数不清！

所有的青少年都跟你一样，每天都面临着大大小小的问题。前面我们讲到的是跟运动和学业有关的内容，除此之外，还有一个重大的课题值得探讨，那就是学会接受自己身体的变化。我们每天都要接受大量信息的狂轰滥炸，这些信息裹挟着来自社会和媒体的压力，带给我们巨大的冲击。

你可以想想看媒体所展示的人体形象是什么样子的。模特们看起来那么完美，没有一点瑕疵。面对这样的完美外貌，你一定会觉得自己不够好看，无论怎么做都跟广告上的模特和社交网站上的博主相去甚远。那些失真的"标准美人"，源源不断地通过手机和电脑屏幕涌向我们，如果以此作为参考，我们根本不可能对自己感到满意。女孩儿们长得都像芭比娃娃，男孩们必须都拥有雕像般的腹肌和肱二头肌。很可惜，现实中这是不可能的。如果女孩真的拥有跟芭比一样的身材，那她一定会有严重的健康问题！那么纤细的腰身根本容纳不下人体的重要脏器，细得吓人的双腿无法支撑身体的重量，而过于丰满的胸部跟消瘦的身体也不成比例，走起路来难免向前倾倒。现在你应该能明白了，很多被媒体奉为"美丽标杆"的形象，事实上根本就是谎言。

美丽的身体，首先必须是健康的。还有一个广告永远不会透露给你的秘密是，想让别人喜欢你，首先你得喜欢你自己。一切美好的关系都始于内心，始于你以自己真实的面貌与人交往。

除了身体外形，站在青春期门槛上的少男少女们还需要面对很多其他问题。比如，他们会担心：我的朋友们会喜欢我吗？我能找到爱我、在乎我的人吗？成长的道路上我该怎么迎接心动、爱情和性？我要怎么做才能让父母明白，我有权利享受自由，不需要他们一天到晚紧盯着我的一举一动？

所有的这些问题，实际上都属于我们心理学上所说的"发育期挑战"的范畴。这是所有你这个年纪的男孩女孩们都有的疑问。之所以称之为"挑战"，是因为我们的生活在这一时期可能面临各种没有现成答案的问题。它们不像速冻的食物，只需要从冰柜里拿出来放进微波炉就大功告成。相反，迎接发育期挑战，就像你要为一大桌子客人准备晚餐，而且不能使用速冻食品，因此，你得先计划好要做哪些菜、需要买哪些食材，然后去超市里采购。最后，菜买回家，你开始照着菜谱烹饪菜肴。

　　在这个过程中，每一个步骤都暗藏着出差错的风险。你可能买来了鸡蛋，但是从购物袋里往外拿的时候一不小心打碎了一半。你可能费了九牛二虎之力却还打不发奶油。这时，你必须决定是否去超市重新买鸡蛋和奶油，去的话时间还够不够，或者干脆实施 B 计划，用家里现有的其他原料代替。发育期挑战就是这样的，问题一个接着一个摆在你的面前，逼着你不断地做出选择。不过，怎样才能做出正确的决定呢？那就接着往下读吧，你会找到答案的。

技能训练建议

五步解困法

遇到让你陷入困境的问题时，我们建议你按照下面的五个步骤来处理。

1. 直面问题，思考在试着面对这个问题的过程中可能会遇到哪些阻碍。

举例：如果你的数学成绩不理想，也许并不是因为你跟数字"八字不合"，而是一面对数学题你就忍不住焦虑。

2. 考虑多种可能的解决方案，而不是想到一个就算了。虚心听取他人的建议，即便看起来有些奇怪甚至不正确的方案也要认真评估。发散性思维（拓宽视角，发挥想象力，探求更多先前没有想到的答案）可以有效地训练你的问题解决能力。

举例：你可以问问朋友，在他眼里，你在面对数学老师的提问时表现如何，让朋友给你一些好的建议。

3. 做自己能做的事情，从取决于你、你能做得到的事情入手。尝试设定切实可行的、自己有能力达成的目标。

举例：既然你不能换老师，那就不如把精力放在自己身上，提高自己的能力，做足准备，更好地应对这位老师的考试。

4. 做出决定，选出最好的方案。这里涉及的是另一种重要的生活技能，我们在下一章中将会具体分析。

举例：你可以找一位同学作为搭档，两人互相提问和检查，这样既可以提高时间利用率，又可以缓解焦虑。

5. 评估成功解决问题的原因。如果你的数学考试得了高分，一定要分析一下成功的原因，这是很宝贵的经验，将来可能还会用得到。

举例：看看自己的成绩，想想自己在学校里的感受，以及面对数学考试时是否还有焦虑的情绪。

学以致用

你最近遇到了哪些问题？请你选取其中一个，试着完成下面的要求和回答问题：

- 给这个问题取个名字。

- 问题是什么时候发生的?

- 为了应对这个问题,你做了哪些努力?

- 结果怎么样?

回答这些问题你用了多长时间? 很快就答完了,还是费了不少功夫? 这实际上已经是一个重要的指标,可以直观地反映你在解决问题方面的训练效果。一般来说,如果你能以较快的速度回忆起你所经历过的问题,那么你在解决问题时也较高效。如果你花了不少时间,那也没关系,不用怕,从现在起就开始训练自己直面问题的能力吧! 你可以借助上面这四个简单的要求和问题,时常对自己曾经解决过的问题进行回顾和分析,每天至少训练一次。长此以往,你就可以熟练地分辨自己所采用的策略,准确地评估这些策略的有效性。如果你能迅速采用这种方法开始训练,那就说明你已经选对了跑道。继续直面问题,利用你在这一章中学到的技巧,进一步优化你用来解决问题的方案吧!

第 2 章

做出决定

生活中最好不要临场发挥……也不要草率做决定

小测试

请阅读下列描述，然后根据自己的情况，勾选出对应的频率。完成所有题目后，计算出总分，看看你的测试结果。

• 如果某件事情我不想做，即使每个人都在做，我也会果断地拒绝。

从不	极少	有时	常常	总是
1	2	3	4	5

• 需要做出重要的抉择时，我会被情绪冲昏头脑。

从不	极少	有时	常常	总是
5	4	3	2	1

• 如果我需要做一个非常复杂的决定，我会先跟大人商量。

从不	极少	有时	常常	总是
1	2	3	4	5

• 我会不经过深思熟虑临时做出决定。

从不	极少	有时	常常	总是
5	4	3	2	1

• 我认为即使有时候我与朋友们的意见不一致，我们的友谊也不会受到影响。

从不	极少	有时	常常	总是
1	2	3	4	5

• 有人对我说："你到底决定好了没有？"

从不	极少	有时	常常	总是
5	4	3	2	1

• 我无法承认自己曾做出过错误的决定。

从不	极少	有时	常常	总是
5	4	3	2	1

• 我清楚地记得我所做过的大大小小的决定（回答前请你在纸上写下上个星期你做过的至少三个决定）。

从不	极少	有时	常常	总是
1	2	3	4	5

• 我能够做出重要的决定，即使之后要为此付出代价也心甘情愿。

从不	极少	有时	常常	总是
1	2	3	4	5

• 我曾为因一时冲动而做出的决定感到后悔。

从不	极少	有时	常常	总是
5	4	3	2	1

• 即使我自己的想法跟别人不一致，我也能坚持自己的意见。

从不	极少	有时	常常	总是
1	2	3	4	5

• 如果我不同意大家所做出的某个决定，我会保持沉默。

从不	极少	有时	常常	总是
5	4	3	2	1

• 我曾经跟与我意见不一致的人当面争执。

从不	极少	有时	常常	总是
1	2	3	4	5

• 我认为做决定并不是我的强项。

从不	极少	有时	常常	总是
5	4	3	2	1

• 我认为在做出重要的决定时，需要评估它在未来会有哪些影响。

从不	极少	有时	常常	总是
1	2	3	4	5

测试结果

15～35分　我讨厌做决定

今天穿什么衣服？生日怎么庆祝？这些问题全都让你觉得头疼，每次需要做决定的时候，你都会忍不住抓狂。你更希望由其他人来为你做决定，即便你没有刻意逃避，一般来说你所遇到的事情也都是由别人决定的。当你试图做决定的时候，你会发现自己不知道从哪里入手，因此很快就会打退堂鼓。这一章的内容对你帮助会很大，你会得到很多实用的建议，从而提高自己在这方面的能力。答应我们，至少这一次你不会退缩，一定会下决心把这本书读完！

36～55分　我努力尝试做出选择

做决定可真麻烦呀！但是有些时候你还是努力去尝试了，虽然结果并不那么完美，但是至少大家不会批评你是遇到事情把头埋在沙子里的胆小鬼。通过这一章的学习，你不仅能了解到根据自己的喜好认真做出选择的益处，还可以学到一套正确的方法。那还等什么？赶快接着往下读吧！

56~75分　我在选择中学习

面对选择，你从来不会退缩，你不会允许别人来替你做决定。你善于让大家听到你的声音，虽然有时也会做出错误的决定……但是没关系，不论多么了不起的天才都会犯错。正所谓"吃一堑，长一智"，你每次都能正视自己的错误，坦然地承认自己判断失误，做出了错误的决定。通过这一章的学习，你将会掌握更多有效的方法，从而做出更明智的决定。

小故事

梅普·吉斯：改变世界的选择

梅普·吉斯（Miep Gies）这个名字对大部分人来说是陌生的，然而她的故事和她所做出的选择却在世界上留下了浓墨重彩的一笔。正是因为她，那些残酷的真相和惨痛的记忆才变得有迹可循，那段历史才被更多的人铭记。出生在奥地利的梅普·吉斯原名叫赫米妮·桑特罗席茨（Hermine Santrouschitz），11 岁那年，她被送到了荷兰，因为家中生活困顿，父母已经没有能力继续抚养孩子。在荷兰，赫米妮被一个工人家庭收养，他们重新给她取名叫梅普，把她当作自己的亲生女儿来抚养。梅普长大后开始在阿姆斯特丹找工作，在那里，她认识了经营着一家生产制作果酱配料的公司的奥托·弗兰克（Otto Frank），他雇用了梅普。后来，梅普成了经理，也成了弗兰克一家的好朋友，一个犹太家庭的好朋友。当时，纳粹浪潮正席卷整个北欧，对犹太人的驱逐和迫害已经是家常便饭了。

正是在这种极度危险的社会背景下，梅普做出了一个将改变她一生的决定：从 1942 年 7 月 6 日起，她和丈夫还有几位同事开始协助奥托·弗兰克一家、赫尔曼·冯·佩尔斯（Hermann van Pels）一家，还有德国籍的牙医弗里茨·菲菲 (Fritz Pfeffer) 逃避纳粹的追捕，让他们藏匿在公司楼上的一个秘密阁楼里。做这件事情非常冒险。万一有人发现书架后竟然藏着一群犹太人，那么梅普和家人们将付出无比惨痛的代价，甚至可能为此而丧命。但是梅普和同事们毅然决定死守秘密，保全这些犹太朋友的生命。然而，1944 年 8 月 14 日，纳粹警察还是闯入了阁楼，带走了所有犹太人。梅普的几个同事也遭到了逮捕和驱逐。梅普能逃过此劫纯属运气好，因为当天上门搜查的纳粹官员刚好也是奥地利人。梅普虽然保全了自己的自由，却失去了朋友，于是，她又做出了一个冒险的决定。她来到了纳粹党卫军军营，试图以金钱作为交换，要求纳粹释放被捕的犹太人。遗憾的是，纳粹们拒绝了她的请求。为什么梅普当时的选择对于生活在今天的我们仍然意义重大呢？因为当时躲在秘密阁楼里的还有一个女孩——奥托·弗兰克的女儿安妮。没错，她就是《安妮日记》的作者。梅普当时从阁楼里找到了这本日记并小心地保管了起来，希望等安妮从贝尔根-贝尔森（Bergen-Belsen）集中营回来的时候可以交还给她。不幸的是，安妮再也没有回来。梅普最后把日记交给了安妮的父亲——在奥斯维辛集中营中幸存下来的奥托。1947 年，日记出版了。从那时起，梅普的生活发生了很多变化。她的勇气得到了全世界的盛赞，收获了"国际义人"的称号及一系列荣誉。

梅普和她的经历告诉我们，有时候只有做出最艰难的抉择，才能在世界上和别人的生命里留下自己的印迹。

漂流瓶悄悄对你说

→ 当面临重要的抉择时，做出正确的决定可能并不容易。但是你要知道，好的决定绝不是一拍脑袋临时想出来的，而是深思熟虑的结果。在做决定之前，你必须权衡利弊，从长远的角度考虑，想清楚自己应该何去何从。

学会做决定意味着什么

做决定：虽然艰难却必要

在英语中，"decide"（决定）这个动词来源于拉丁语，其本义是"剪切"。因此，每当你做出一个决定，就意味着剪除了其他的可能性。你选择了一条路，就必然要放弃其他路。

能"决定"，就证明你是一个自由的人，可以选择做自己想做的事情。那么你可能要问了，为什么你不可以选择不去学校，而没日没夜地玩电子游戏？答案很简单，因为在18岁之前，你还不能很好地判断哪些事情对你来说是有益的。父母在这方面扮演着非常重要的角色，因此，他们会代替你来做某些决定。他们会给你报名上学，还会制定一些规则并要求你遵守，这些规则也许看上去限制了你的自由，但实际上可以帮助你做出更理智的选择。长大，其实也意味着我们将有能力以负责任的方式为自己做出更多的决定。每当需要做决定的时候，你的内心就会有两种力量在斗争（我们在前言中曾经提到过）：一种力量告诉你，要选择能立刻带给你快乐的那个选项；另一种力量则告诉你，要着眼于未来，认真衡量你的选择会带来什么样的后果。

人类历史上最伟大的哲学家之一柏拉图曾经把负责做决定的灵魂比作一辆马车，这辆马车由两匹长着翅膀的马拉着，一匹是温顺的白马，另一匹是顽劣的黑马。这两匹马一定程度上就象征着我们刚才所说的那两种力量，努力地保持平衡的驾车人则象征着理性。

科学家们通过对你们这个年龄的孩子进行大量研究后发现，在面临选择时，你们主要受到三个因素的影响：

1. 情绪调节。做决定的时候，你的思想会受情绪的影响。情绪是最常伴你左右的伙伴。比方说你很生朋友的气，觉得他故意针对你，那么你就很容易说一些言不由衷的话。任何人在做出选择时都会受情绪影响，但是对于青春期的孩子来说，和理性相比，情绪往往会占上风。

2. 对回报的追求。无论你做出什么选择，肯定都希望从中有所收获。例如，你决定把自己带的三明治让给好朋友吃，这时候你会希望他能看到你的好或者下次遇到同样的情况他也能这样对你。相反，如果你选择自己把三明治吃掉，那么你就收获了一顿美食带来的快乐。

3. 人际关系的影响。我们所做的每一个决定都会影响我们与他人的关系，而我们又会受到这些关系的极大影响。例如，当你要决定穿什么衣服或剪什么发型时，除了要符合自己的品位，你还会忍不住思考："这个样子的我别人会喜欢吗？"

从理论到实践：为什么决定难做

在生活中，你可能已经亲身感受到做决定的艰难，下面我们就举例来看一些具体的情景。

• 你的选择不符合主流意见。在这种情况下，反对你的决定的人很多，你必须得面对他们。你可能会发现自己势单力薄，很难坚守自己的阵地。

举例：聚会的时候有人偷偷带来了酒，你需要决定自己是否喝。

• 做出决定就意味着表明立场。意味着你要发声，要暴露在众目睽睽之下，吸引别人的注意，让别人产生好感或恶意。

举例：老师让大家讲一讲自己在班级里的感受，你明明知道某些同学的态度让你感到很不舒服，但是犹豫着是否讲出来。

• 你的选择有可能导致你犯错。对犯错的恐惧是很难消化的。

举例：你已经选定了某所高中学校或某种运动，但是后来发现这并不适合自己。

• 你的决定给自己带来了一丝不可预测性，是一次或大或小的飞跃，而落脚的地方你并不了解。

举例：你决定报名去参加一个游学活动，同行的都是你不认识的人。

你觉得自己有多大的能力可以处理好眼前的问题？你的自信心有多强？你做决定的能力跟这几个问题的答案有很大的关系。

当不止一个选项摆在面前时，有的人就会陷入恐慌。像在比萨店里拿到一张一眼看不完的菜单时，有的人会觉得是难得的机会，于是津津有味地一一研究；有的人则每次都点同样的比萨，或者看到别人点什么自己也点什么。你属于哪种类型呢？在这一章的最后，我们将会给你一些实用的建议，帮助你进一步提高自己做决定的能力。

为什么这种生活技能很重要

你好，世界！这就是我

每天早上，你起来后都要梳洗打扮，为去学校做好准备。今天你要以什么样的形象去见同学呢？该穿哪件衣服？梳个什么发型？这些虽然看起来是微不足道的小事，却能反映出你的很多信息。

保罗就是一个很好的例子。他对这类问题没什么兴趣，因此全都交给妈妈决定。妈妈每天早上都要为儿子挑选好一天的衣服，不过，她的品位比较保守，或者说有点复古（在保罗的同学劳拉看来，那不叫复古，完全是老古董）。有好几次，劳拉甚至提出要带保罗去重新买点衣服。然而，如果保罗跟着劳拉去了购物商城，按照劳拉的建议换一个造型，那么他就成了劳拉版的保罗，而不是保罗版的保罗。这就是问题所在：成长也意味着我们要选择一个全新的、个性版的自己。你是你自己，不一定要跟父母或朋友眼中的那个你保持一致。

费德里科是跟保罗完全相反的一个例子。暑假后，他好像完全变了一个人：金黄色的鸡冠头和鼻环，黑色的运动衫，鞋带松散的军靴。9 月的天气还很炎热，同学们还都穿着短袖，全副武装的费德里科着实把大家都吓了一跳。到了课间，大家都跑出去踢足球，费德里科却一个人躲在了角落里。也许他也是想加入"战斗"的，但是穿成那样他根本踢不了球！有一天，体育系的卡佩里尼教授来到了他身边。没有人听到他们说了什么，但是第二天，费德里科虽然还顶着鸡冠头，却换上了百慕大短裤和运动鞋。同学们所不知道的是，在费德里科突然改变造型的背后，他的家庭发生了非常大的变故：那个暑假，他的父母告诉他他们准备离婚。从得知这一消息的那天起，他的生活就彻底改变了。而他改变自己的造型，实际上是为了向世界宣告他在承受痛苦，他不再是原来的他了。和卡佩里尼教授沟通后，费德里科又找学校的心理辅导老师谈了心。两位老师让他明白，与其默默地承受痛苦，不如说出来，然后把它转化成积极的力量。

你会发现，保罗和费德里科的故事都开始于一个每天早上所有学生都要面对的选择：今天我要怎么穿？保罗选择"不决定"，这让他在别人看来就像一个没有丝毫个性的木头人。相反，费德里科则一脚踩在了油门上，把自己弄得像讽刺漫画里的人物。不过，仔细想想我们会发现，也正是这种"反常"的装扮拯救了他，老师们敏锐地捕捉到了他的"求救信号"，及时地把他拉回了正轨。

我长大了想做什么

没错，你每天都在做选择：穿什么衣服，梳什么发型……一个个选择环环相扣，搭建成轨道，引导着人生列车缓缓向前。然而，除了这类琐碎的决定，生活中你有时还要面临意义重大的决定，这类决定所带来的结果，将会对你的人生产生深远的影响。

中学阶段你就有一个这样的重要选择要面对，即选择什么高中。14 岁之前，你在学业上没什么选择要做，所有人都接受义务教育，学习规定的课程。到了初中二年级，一个沉重的问题便开始出现在你的生活里。"你想好高中要学什么了吗？"爸爸妈妈、亲戚朋友、同学老师，周围所有的人都在问这个问题。可是这要怎么决定呢？是的，高中的选择，很可能就是你人生中要面对的第一个真正的选择。而发出"这么重要的事情我该怎么决定呢"这个疑问，就表示你已经站在了正确的起跑线上。因为这说明你的选择不是突兀和草率的，而是在寻找一些能支持自己的决定的标准。

这时候，教育指导计划可以给你提供重要参考。在这类项目中，会有专业人士给你做能力倾向测试，你需要根据自己的实际情况完成各类题目，然后通过测试结果，了解自己更适合朝着什么方向发展。你更擅长人文学科还是科学学科？你更喜欢去实验室还是书不离手，像哲学家一样无止境地思考？

此外，各个学校的开放日也不容错过。所谓的开放日，指的就是高中和职业技术学院向未来的学生敞开大门的日子。你可以到学校里去参观，参加学生们的活动，观察学习生活的环境，询问你想了解的问题。

最后，不要忘记你的初中老师，在选择高中时他们也一样可以给你提供重要的建议。因为你们已经相处了三年，他们清楚地了解你的优势，也知道你在哪些方面还需要进一步加强和训练。通过心理测试、开放日还有老师们给你的建议，相信现在你已经可以做出一个相当靠谱的决定了。这就是我们所说的有计划、有方法地做决定。

　　但是艾米娜却不是这么做的。她跟同学特蕾莎是好朋友，整个初中三年，她一直都很依赖特蕾莎，习惯了从特蕾莎那里获得保护和安全感。因此，到了选择高中学校的时候，对她来说唯一重要的事情就是要跟特蕾莎待在一起。然而事实证明这对艾米娜来说并不是一个很好的选择，新学校里的功课难度太大，艾米娜学得非常吃力。最后，在老师们的帮助下，她转到了另一所学校，在那里，她很快找到了自己的节奏，顺利地开启了新的学校生活。现在艾米娜和特蕾莎明白了，虽然不在同一所高中读书，但是还是可以常常见面，继续浇灌她们的友谊之花。

　　我们在做决定的时候可能会犯错误，这是很正常的。每个决定背后都暗藏着一定的风险。孔子曾经说过，多做多错，少做少错，不做不错。

做出决定需要勇气

从小我们就被教导对别人的事情少管，有时我
们不禁会想，或许管好自己的事情就是最好的选择。
然而，当我们目睹不公平的事件或者看到有人被欺负
时，这种事不关己高高挂起的选择却是不妥的。你一
定没少看到班上有同学被其他同学开玩笑吧？一般来
说，这样的事件都会引发大家的哄堂大笑，让上课
时紧张的氛围得到缓解。不过，有的时候玩笑开过
了头，也会引发严重的后果。有些玩笑很显然是带有
攻击性的，开玩笑的人这么做，要么是为了引起别人
发笑，要么是通过贬低被攻击的对象从而获得一种优
越感。你一定不止一次地听说过霸凌事件吧？然而，
即使这类事件发生在我们面前，即使我们明明知道那
是不对的，但是需要多大的勇气我们才敢站出来阻
止呢？

威利·蒙泰罗·杜阿尔特（Willy Monteiro Duarte）
的事件曾轰动一时。2020 年 9 月，在意大利罗马附近
的科莱费罗镇，为了保护自己的朋友，21 岁的威利在
一场打斗中遇害。面对暴力，威利选择了出手干预，
而不是袖手旁观。这时，肯定有人会告诫你，不要插

手别人的事情，免得给自己惹麻烦。确实，如果威利
没有站出来，那么他今天应该还活着。但是他选择了
冒险，他觉得自己不能视而不见。

> 　　霸凌　任何由一个人主动对另一个人施加的
> 攻击性行为，我们都可以称为霸凌或欺凌。不论
> 身体上的攻击，还是心理上的打压，都属于霸凌
> 的范畴。霸凌者，即实施霸凌行为的一方，认为
> "被霸凌者"弱于自己，所以更好欺负。霸凌行
> 为一般有三个主要特征：蓄意性（你不小心把同
> 学绊倒了，这不能算作霸凌），发生不止一次（两
> 个人偶然吵了一架也不算霸凌），双方力量悬殊。
> 霸凌行为常常是在没有直接参与其中的"旁观者"
> 面前实施的，而旁观者的不作为，从另一个角度
> 来说也是一种参与。

　　你这一生中大概率不会遇到威利当时的困境，
我们也衷心地希望你永远不要遇到。然而威利的选择
不由得引发我们思考：当看到有人以捉弄和刁难同学
为乐时，我们也可以选择说出自己的意见，而不是袖
手旁观，或假装若无其事。不过，即使不像威利，我

们面对的并不是比我们强壮得多的人，做出那样的决定也同样需要勇气。在这里，我们给你的建议是不要把眼睛闭起来。如果你不敢直接干预，或者你决定这样做会给你自己或别人带来危险，那么就去寻求成年人的帮助。做出正确的决定于人于己都是有益的。

技能训练建议

开门闯关法

在面对重要的选择时，为了避免草率，你可以采用"开门闯关法"。也就是说，在做决定之前，你要假想有四扇门，每扇门后有一个房间，你要在每个房间里分别完成特定的操作。

1. 第一扇门：不要动。面对选择时，你可能犯的最大的错误就是不经过思考就做出决定。因此，请你一定要给自己一点时间。在这个房间里，你会看到一个沙漏。你需要把它倒过来，在最后一粒沙子掉落之前，你要一直待在原地。如果你要做的是第二天早上穿什么这类决定，那就拿一个小小的沙漏就够了。相反，如果事关重大（如选择上哪所高中），那你就需要一个大沙漏，而且务必要等最后一粒沙子掉落，才能走向下一扇门。

2. 第二扇门：思考。离开沙漏房间后，你将开启第二扇门。这个房间中央放着一台巨大的天平，天平两侧各有一个盘子，两者保持着平衡。在这里，你将有机会把你所有的选择一一都放到天平上，称量每种选择所带来的机遇、风险和后果。你将第一个选择放到左侧的盘子上，观察天平倾斜了多少，然后你再将第二个选择放到右侧的盘子上，观察天平有什么变化。哪一种选择分量更重？是让你的生活发生更显著的转变的那个吗？在所有的房间中，这一个也许是最重要的。

3. 第三扇门：行动。第三个房间的主题是行动。只有到了这里，你才能开始积极行动，将你前面做出的选择付诸实施。在行动的过程中，你或许可以感觉到你方才考虑和预测的事情正在慢慢地变成现实，当然也有可能意外地发现有你之前没有预料的情况出现。

4. 第四扇门：评估与调整。现在，你来到了最后一扇门前，打开门后，你发现还有很多问题正在等待着你。事情进展得怎么样？事实上，实际发生的情况和你所预料的情况越趋于一致，就说明你做的决定越正确；相反，如果经过评估，你发现现在的情况和当初预估的不同，很有可能是你当时的判断出了差错，需要调整行动策略。不过不用担心，这种事情经常发生，尤其是在你这个年龄，犯错误根本不算什么问题！真正的问题是，明明做错了，却意识不到自己的错误。如果是这样的话，错误就会像雪球一样越滚越大。这时候，成年人一般就会来干预。他们会接过船舵，载着你驶向安全的港口。你们会一起聊一聊这件事，直到你走出失败的阴霾，做好重新起航的准备。

学以致用

自 2020 年以来，新冠肺炎疫情肆虐，强迫着所有人接连不断地做出各种决定，但是即便没有疫情，我们的生活也是由一连串的决定组成的。请你随便拿一份报纸或杂志，剪下你认为涉及下列各类决定的文章和报道：

- 勇敢的决定。
- 你不会做出的决定。
- 为了自己的利益而做出的决定。
- 为了他人的利益而做出的决定。

如你所见，做出决定，是每个人自由意志的体现。人生的列车驶向何方，这个问题并没有一个唯一的、强制性的答案。即便乍看起来没有任何选择，如果你仔细观察，至少在自己的内心，也一定可以找到一个允许你做出自己的选择、决定如何面对现实的自由空间。还等什么？充分利用这一章里所学习到的各种技能，提升自己的选择能力吧！

第 3 章

管理压力

面对生活的暴风雨……

小测试

请阅读下列描述，然后根据自己的情况，勾选出对应的频率。完成所有题目后，计算出总分，看看你的测试结果。

- 我知道如何管理压力。

从不	极少	有时	常常	总是
1	2	3	4	5

- 压力大的时候我的身体也会感到不适。

从不	极少	有时	常常	总是
5	4	3	2	1

- 我知道哪些事情或哪些情况会让我感到焦虑。

从不	极少	有时	常常	总是
1	2	3	4	5

- 我整日忧心忡忡。

从不	极少	有时	常常	总是
5	4	3	2	1

- 考试的时候我可以最大限度地集中精力。

从不	极少	有时	常常	总是
1	2	3	4	5

• 我会因为焦虑而失眠或睡不好。

从不	极少	有时	常常	总是
5	4	3	2	1

• 当有事情使我感到焦虑时，我能准确地把控自己的情绪。

从不	极少	有时	常常	总是
1	2	3	4	5

• 当一个没有把握的任务摆在我面前时，我就会大脑短路，无法思考。

从不	极少	有时	常常	总是
5	4	3	2	1

• 如果感到压力很大，我会先试着找到原因。

从不	极少	有时	常常	总是
1	2	3	4	5

• 我不知道该怎么控制我的紧张焦虑。

从不	极少	有时	常常	总是
5	4	3	2	1

• 我知道如何排解压力。

从不	极少	有时	常常	总是
1	2	3	4	5

- 别人对我的期待会让我备感压力。

从不	极少	有时	常常	总是
5	4	3	2	1

- 适量的压力可以促使我把事情做得更好。

从不	极少	有时	常常	总是
1	2	3	4	5

- 我经常在课堂上被点名批评，因为我总是坐不住。

从不	极少	有时	常常	总是
5	4	3	2	1

- 我觉得自己有能力应对每天要做的事情。

从不	极少	有时	常常	总是
1	2	3	4	5

测试结果

15 ～ 35 分　恐慌

不论是随堂测试还是老师提问，不管你准备是否充分，只要一有这样的任务摆在你面前，恐慌就会突然朝你袭来。焦虑情绪将你紧紧地包裹着，让你感觉头脑一片混乱。压力随时都会跑过来占据你所有的注意力，让你抽不出一丝一毫的理智来面对现实。但是你要知道，适度的压力其实是很有用的，而你要学会把握压力的大小。在这一章中，你将会收获很多实用的建议，所以不用担心，放轻松就好！

36 ~ 55 分　我必须保持冷静

这就像在你头脑中不断盘旋的一个咒语，但是它并不是每时每刻都会奏效的。总有一些情况和一些人会将你置于相当困难的境地，这时候，你的情绪控制站就会报警。幸运的是这种情况不会一直出现。在这一章中，你将学到一些用来辨别压力、管理压力的新策略，从而将压力保持在能为你提供动力的适当的范围内，控制压力过大带来的负面效果。

56 ~ 75 分　遇事沉着和冷静

你的冷静超乎寻常。当然，在某些情况下你也一样会感受到压力，但是你不会被它打倒。遇到挑战时，你身体里的每一个细胞都会积极地应对，每一块肌肉都会被调动起来，帮助你以更好的状态去做该做的事情。最后，你精疲力竭，但是你一般都会认为这是值得的，因为你尽全力做到了最好。学无止境，在这一章中，你会收获更多建议，进一步提高自己应对压力的能力，并且可以把它们分享给那些容易陷入恐慌的朋友。

小故事

萨伦伯格机长：保持冷静是我的看家本领

某天早上你一觉醒来，发现自己的生活永远地改变了。昨天你还是一个默默无闻的飞行员，虽然从事的工作备受尊敬，却不会轻易出现在乘客的视野中。2009年1月15日的早上，一切都变了。切斯利·萨伦伯格（Chesley Sullenberger）是从纽约直飞北卡罗来纳州夏洛特市的全美航空公司1549号班机的机长。那一天，谁也没能顺利地抵达目的地。飞机起飞非常顺利，但是起飞后不久，飞机就撞上一群加拿大雁。此后的一切都发生得太快了，就像电影一样。雁群的撞击造成了飞机的两个发动机全部失灵，但是飞机仍在飞行，机组必须立刻想出办法，拯救555名乘客的生命。决定非常难做：能返回机场最好，可是时间还够吗？要不要直接迫降在哈德逊河上？这种操作极为危险、极为复杂，对飞行员来说是极大的挑战。

此时飞机正处于纽约市上空，万一坠毁，除了飞机上的乘客，不知道还会伤及多少生命。萨伦伯格机长在与航空管制员和飞机副驾驶员讨论后，当即决定迫降。这一选择非常冒险，而且萨伦伯格在此之前从未有过这种经验。尽管风险重重，但是在他看来，只有这个方案能让所有人存活的概率最大。一切都发生在不到 3 分钟的时间里。在 180 秒内，要做的决定太多了，要操纵的按钮数不清，要用到的技术复杂到令人濒临崩溃。但是萨伦伯格是一位称职的机长，他知道该怎么做，他懂得如何保持冷静的头脑，以快速的反应和他在漫长的职业生涯中所积累的专业知识来应对眼前的险境。

在那个寒冷的 1 月的早晨，机长镇定自若地完成了一件在他绝大多数的同事看来不可能实现的事情：他驾驶着飞机成功迫降在哈德逊河上，飞机上的乘客全部幸免于难，只有极少数的乘客受伤。完成迫降后，他确保包括机组人员在内的每个人都安全撤离后，才最后一个离开了飞机。他因此成为一位英雄。全世界都在谈论他，感叹他强大的抗压能力，在那么短的时间里能做出正确的决定，完成了一个"不可能完成的任务"。

漂流瓶悄悄对你说

→ 有句格言说得好:"当比赛变成硬仗,硬汉就会登场。"压力往往会在你最意想不到的时候横亘在你的面前。遇到这种情况,你需要懂得如何调整好内心的情绪。焦虑、愤怒、恐惧、沮丧,这些都会扯你的后腿。当压力来袭时,你必须努力把它们锁进抽屉,从而让你的大脑集中精力,用最高效的方式攻克困难。

学会管理压力意味着什么

压力：像硬币一样有两个面

让我们从"压力"这个词本身说起。你有没有想过它在我们的生活中发挥着多么重要的作用？你能否辨别哪些情况对自己来说是超负荷的任务，需要释放的能量会超过你个人"能量油箱"的限度？你有没有思考过这种辨别能力有多么关键？

每当我们被迫需要走出自己的"舒适圈"，需要打起精神，比平时更紧张、付出更多的努力去完成某些事情时，压力就会降临。不论是我们的身体还是我们的精神，都能感受到压力的存在。当压力刚开始出现时，我们的身体会率先行动起来，它知道所面临的情况不好对付，所以会积极地做好准备，立刻释放出内源性物质（由内部产生的物质），我们称为"压力激素"，其中最重要的三种是皮质醇、多巴胺和血清素。它们的作用是给我们提供足够高的能量水平，让我们感觉自己体力充沛，充满力量。这样一来，在极短的时间内，我们的身体就蓄势待发，为迎接考验做好了准备。在这些激素的作用下，我们的心脏会更快、更有力地跳动，从而加速血液循环，将血液迅速供应到身体的各个部位，尤其是肌肉和大脑中。我们的呼吸系统也会提高工作速度，从而提高氧气的循环速度。由此可见，在压力的初始阶段，我们的身体就像一级方程式赛车，它引擎轰鸣，只待发令枪响，就立刻飞驰而去。

回忆一下萨伦伯格机长的故事，飞机突然被鸟群撞击，双侧发动机全部失灵，随时面临坠落的风险。我们可以想象，在那短短几分钟里，我们上面所描述的所有压力萨伦伯格机长一定全都感受到了。如果我们当时去测量他的血压和心跳，去观察他的呼吸频率，我们会发现所有的这些参数在几秒之内全都出现了爆发式增长。正是这些相对于初始平衡状态的剧烈变化，让萨伦伯格机长能够保持头脑的清晰和精力的集中，在极其有限的时间里，以最好的状态完成了一个几乎不可能完成的任务。

然而，既然压力能给我们的身体和头脑带来这

么多积极的效果，那么我们为什么一遇到压力，第一
要务却是管理它、削减它呢？答案很简单：因为对我
们有好处的积极压力，持续的时间非常短。更准确地
说，它本来就应该持续时间短。这种压力跟我们生活
中具体的特定情况相关联，能"一触即发"；但是在
发挥作用后，也必须在极短的时间内迅速消失。往往
问题就出在这里。对于我们很多人来说，在某些情况
下，压力并不能挥之即去，持续存在的压力，促使我
们的身体继续产生压力激素。这样一来，我们的身体
就一直处于紧张状态。大量的压力激素进入血液，在
短时间内是有好处的，但是长时间存在就会对健康造
成损害。因为如果身体和大脑不断地受到高强度的压
力刺激，过不了多久就会坚持不住，无法发挥正常的
功能。这就像一名百米短跑选手在起跑后不久突然得
知自己要完成的是一次长距离耐力赛，一开始他一定
是开足了马力全速往前冲的，但是面对赛程的突然变
化，毫无防备的他身体能量很快就耗尽了，心理上也
很快会承受不住。这时你就会看到他开始减速，开始
痛苦地挣扎。

　　我们认为，最令人焦虑、最容易使人产生慢性压

力（不会消失的那种）的，一般都是那些能勾起我们对创伤经历的回忆的事件。有学者称这类事件为"触发器"，因为情感扳机一旦被触发，就会产生巨大的压力，让我们无法专注于眼下的问题，发挥最佳的状态。因此，我们需要弄明白压力的来源，并且将压力变成能给我们带来好处的盟友，而不是对我们造成伤害的敌人。

此时就轮到"管理"这个词出场了。所谓的管理压力，就是指我们要学会当压力变得有害、不能再为我们解决现实生活中的问题提供帮助时，及时地对它进行控制和削减。你对事情的掌控力越强，压力对你产生的消极影响就越小。不过，要做到这一点，你需要：

• 关注自己的感受。你要倾听身体所发出的信号，评估你所感受到的压力水平对于你来说是有用的，还是已经超过限度、使你陷入了困境。压力激增常常会使心跳加速，引发胃痛或腹痛；也有可能使你思路混乱，突然被悲伤、愤怒或惊慌等情绪淹没。你要试着评估自己的状态，按照从 1 到 10 的标准来给自己的不适程度打分。如果感到很不舒服（8 分及以上），就需要及时干预。你可以试着分析一下是什么事情让你陷入焦虑，将记忆倒退回去，看看内心的压力具体是在哪一刻突然激增的。

• 学会分析和应对引发压力的因素，包括来自外部环境中的压力和你内心的压力，从而使自己尽快恢复到平静舒适的状态。

在这里，我们还想补充一点，那就是"期望"。压力与你对自己的期望值以及你所感受到的其他人对你的期望值都息息相关。追求上进当然是好的，而且很显然，那些爱你的人——首先是你的父母——也都期望你能一直尽力而为。一般情况下，这会成为一种驱动力，而且是有积极作用的。但是一旦超过某个无形的门槛，这种驱动力就会变成持续存在的焦虑，不仅不能催人上进，还会阻碍你前进。如果这种焦虑过于严重，压力就会激增。如果你觉得每一次测验都像噩梦一样可怕，就会耗费你过多的精力。你要明白，尽全力并不意味着每次都能取得最好的结果。如果考试前你把该做的都做了，尽了自己最大的努力，那么即使最后分数不是最高的也没有关系。总把拿第一名当成自己的义务（而且也是不可能的）一定会让你压力巨大。因此，不必害怕让他人失望，如果你觉得周围人的期望让你感到不舒服或者带给你过大的压力，那就要勇敢地说出来。

从理论到实践：分析压力

有无数种原因能让我们深感疲惫，失去对生活的掌控力。有些压力事件重大，比如，学业水平考试或某个重要的体育决赛。有些压力事件则不然，有的人觉得应付起来非常容易，但是有的人却很焦虑，比如，让老师重新讲解某个概念，或者开口找朋友帮忙。如果看起来很微不足道的事情也会让你感到有压力，不用担心，有这种感觉的人不只是你。我们会告诉你该如何应对，缓解压力带来的不适。现在我们就从给前青春期和青春期的孩子带来焦虑的一些最常见的原因入手。下面我们列出了 20 种情景，哪些是你经历过的？请你把它们勾选出来。如果在最近的几个月里还有其他事情让你感到有压力，请写在后面的横线上作为补充。

　　□　1.　我非常在乎的人去世了。

　　□　2.　我家养的宠物死掉了。

☐ 3. 有一件事跟我有关而且让我很难过，但是我一直没敢告诉任何人。

☐ 4. 我考试没通过，9 月要补考。

☐ 5. 我曾经和朋友们或同学们有过矛盾。

☐ 6. 我曾经和最亲密的朋友或男 / 女朋友有过矛盾。

☐ 7. 我有过健康问题。

☐ 8. 我经常看见父母吵架。

☐ 9. 我的父母分居了。

☐ 10. 我经常跟妈妈或爸爸吵架。

☐ 11. 我曾是霸凌事件的受害者。

☐ 12. 我曾经被身边的人八卦过。

☐ 13. 我搬过家，但是还在原来的城市。

☐ 14. 我搬过家，也换了新的城市。

☐ 15. 我不止一次地觉得自己不好看，或者厌恶自己的身体。

☐ 16. 我放弃了自己训练了很多年的运动项目。

☐ 17. 我跟自己所在的球队/运动协会有过矛盾。

☐ 18. 我被停过学。

☐ 19. 我的作业和考试不及格过很多次。

□ 20. 我为某次体育比赛或锦标赛进行了艰苦
的训练，但最后还是输掉了。

　　压力所引起的情绪变化因人而异，因情况而异。
有的人感到压力大的时候会勃然大怒，有的人感到焦
虑和恐惧，也有的人感到羞耻，还有的人觉得孤立无
援、被周围的人抛弃。总之，在情绪层面上，压力带
给每个人的感受都是不一样的。因此，了解自己平时
在面对压力时会产生哪些情绪非常重要。下面我们列
出了很多描述情绪的形容词，哪些是你在面对压力时
最常感受到的？用下画线把它们标出来吧！

- 愤怒　厌烦　焦虑　无聊
- 困惑　郁闷　失望　厌恶
- 尴尬　害怕　惊恐

- 沮丧　自责　嫉妒　懒散
- 孤独　被抛弃　烦躁　易怒
- 被拒绝　疲惫　精疲力竭　犹豫不决
- 担忧　羞愧

　　了解触发压力的因素，以及面对压力时你的身体和情绪会有哪些反应，是了解自己、找到解决方案的第一步，也是非常重要的一步。

为什么这种生活技能很重要

成长可真让人备感压力

讨论与前青春期和青春期有关的压力并不容易。很多成年人甚至深信，对于一个还没长大的孩子来说，他的生活里根本就没有"压力"这个词。

"你正值青春年华，别动不动就跑过来跟我说你压力很大！"里卡多的爸爸这样回答道。本来里卡多想跟爸爸倾诉一下心事，告诉他这段时间自己感觉压力很大，但是没想到被爸爸一句话就挡了回来。里卡多觉得想让爸爸明白自己的感受是不可能的，于是默默地离开了房间。事实上，里卡多并没有胡说，他在试探着向爸爸倾诉前，他的压力水平早已超出极限，而且他已经独自忍受了很长时间。因为青春期跟他来了个恶作剧，发育生长过程中激素水平的变化，给他的身体带来了异样。是的，他得了青春期男性乳房发育症。你肯定觉得这个词很陌生，没关系，接着往下读你就会明白的。

乳房发育症，指的就是乳房出现增大的现象。在激素的作用下，里卡多的乳房变大了，但是并不是很明显，只是微微隆起。这是一种偶发的症状，并不是每个人都会经历的。但是在青春期男孩中却很常见。里卡多并不知道这些。

他试图自己来面对问题，通过穿大好几码的宽松体恤和毛衣来掩饰胸部的变化。有一天，有个同学发现了他衣服下面的两个小凸起，然后一张小纸条就在教室里传了起来："谁能借给里卡多一个胸罩？"幸好里卡多的朋友保罗及时把纸条拦了下来。保罗跟里卡多打了一个长长的电话，坦言他也注意到了里卡多身体和行为上的变化，建议他无论如何都得跟爸爸聊一聊这件事情，并且向专业人士寻求帮助。但是爸爸对问题的回避让里卡多陷入了绝望。保罗没有放弃，虽然里卡多的妈妈常常在外面打工，但是保罗还是让自己的妈妈去联系了她。那一天，里卡多放学回家，发现妈妈正在等他。妈妈没有做过多解释，马上带着儿子去看了医生。"发生在你身上的事情，其实很多青少年都遇到过。给自己的身体一点时间，以后自然就好了。"妈妈和贝洛蒂医生决定让里卡多和同在诊所工作的一位青少年心理学家聊一聊。从那以后，对里卡多来说，虽然压力还有，但是再也不像几个星期前那样处于失控状态了。

里卡多的故事或许可以带给像你一样的青少年一些很有用的启示。长大的过程是很辛苦的。就像坐过山车，时而缓缓上升，时而飞速下降（好玩极了！），总之走的绝不是直线。但是成年人好像常常意识不到这一点。爸爸和妈妈明明也曾经年轻过，他们关于青春期的记忆仿佛被人用一块橡皮擦得干干净净。他们也一定经历过种种挑战，比如，因为身体的急速变化而感到困扰，因为觉得自己不好看或有缺陷而痛苦不堪，甚至他们或许也曾经感觉自己不被父母理解或关心。仔细想想你会发现，所有的这些事情都发生在了里卡多身上，而且是在很短的时间内一股脑地朝他涌过来。而他还不够成熟，还没有能力面对这一切，不知道如何从这一大堆困难和闻所未闻的事情中脱身。

学校，逃不掉的严峻考验

听到"学校"这个词，你首先想到的是什么？

说实话，一想到上学所带来的各种义务，没有任何一个你这个年龄的孩子会高兴得跳起来。然而你没有选择，这是每个成长中的孩子必须完成的工作。

针对我们在这一章中所探讨的生活技能，你可以看看自己是否属于下面这对立的两级中的一种：

• 总是感到压力很大！你感觉仿佛每一件你应该做的事情你都做不好，你也永远都不能满足别人的期望。

• 谁在乎呢！对于学校里发生的所有事情，你都是左耳朵进、右耳朵出。你觉得自己的兴趣在其他地方，你一点也不在乎别人对你的评价。

我们可以马上开门见山地说，上面这两种极端的态度都是有问题的。想要跟学校保持比较好的关系，你必须在两个端点之间移动，但是又要避免滑向任何一个端点。露西亚和盖亚的故事就是两个很好的例子。

露西亚一度非常接近压力爆发的状态。回忆起备考音乐学院的那段日子，她感觉简直就像一个噩梦。她的妈妈几乎每时每刻都盯着她学习，因此，整个夏天，她不是在练习视唱，就是在练习小提琴，直到她再也练不下去为止。然而，考试的那天早上，露西亚却发起了 40℃的高烧。她根本没有办法去参加考试，当然也就错过了当年的招生。事后她和妈妈认真地聊了很久，倾诉了过去的几个月她的压力有多大。妈妈感到很震惊，她意识到了自己的错误。第二年，露西亚成功地考入了音乐学院，虽然比原计划晚了一年，但是她心里却比之前平静多了。

　　跟露西亚相反，盖亚则陷入了另一个极端。两个月以来，她所有功课的成绩全都远低于及格。无论老师怎么警告，父母怎么训斥，她似乎都无动于衷。直到有一天，体育老师在上完课后，把盖亚叫到了身边，事实上，这门课是她唯一表现得比较好的科目。老师问盖亚为什么要自暴自弃，让她把这么做的原因写下来。盖亚回到家，钻进房间大哭起来，写下了自己对失败、对无能为力的恐惧。她把所有的这些压力都封闭在心里，但是代价就是它们变得越来越沉重，压得她喘不过气来。

明星也有压力

　　普通学生有压力，但是你千万不要认为明星会有什么不同！他们也一样面临着巨大的压力。14 岁那年，利亚姆·莫威尔主演了根据同名电影改编的音乐剧《跳出我天地》(*Billy Elliott*)，饰演剧中具有超凡的舞蹈天赋的小主人公，从此一举成名。对于利亚姆来说，他追求多年的梦想在这一刻终于成真了。利亚姆出生于一个普通的家庭，父亲是一名水管工，但是他凭借自己的努力考入了皇家芭蕾舞学院，并成为学院里最优秀的学生之一，成功地通过了《跳出我天地》这一杰出作品的表演选拔。然而，从那时起，利亚姆的生活就仿佛被"绊住"了。表演工作和舞蹈学院的课程让他精疲力竭，压得他喘不过气来。有一天，他终于忍不住拨通了家里的电话，告诉家人他坚持不住了。他感到心烦意乱、不知所措，他想家，课程要求太高了，戏剧表演挑战性也太大了，超出了他的承受范围。家人们在认真评估了利亚姆的状况后，意识到他没有开玩笑，于是，他们一起做了一个决定：暂时放弃舞台表演和舞蹈学院的学业，回到家，重新回到他这个年龄的孩子读的普通中学。后来，利亚姆逐渐找回了生活的平衡，最后，他又"踮着脚尖"回到了他所热爱的舞蹈世界。

　　如今，所有人似乎都在渴望轻而易举地成功，渴望一夜成名。为了在社交网站上收获更多的粉丝，有的人甚至宁愿不择手段。但是出名未必能获得幸福。成功和成名实际上是巨大的压力之源，尤其是在你年龄太小，还不具备应对这类情况的能力的时候。

　　粉丝们的点赞就像蝴蝶，今天它们会围绕着你的花冠起舞，明天就已经扑向了其他花朵。不要着急，给自己一点时间，沉下心来平静地度过这几年，你有的是时间来决定你想成为什么样的人。不要害怕犯错误，最重要的是不要害怕让别人失望。

技能训练建议

方法因人而异

下面我们就来学习五种减压的方法，每种都非常简单，效果立竿见影，不需要任何辅助工具。

1. 控制呼吸。控制呼吸的节奏，是很有效的减压方法。你只需要坐在椅子上或者躺下来，然后缓缓地将空气从鼻腔吸入，直到空气充满整个肺部，让胸腔尽可能地扩大，然后再缓缓呼出气体。

2. 放松身体。压力过大会使我们的肌肉收缩和僵硬。通过放松，可以让我们的身体摆脱这种紧张感。最理想的做法是放一点舒缓的背景音乐，逐一关注你身体的每一个部分，让紧张的肌肉松弛下来。

3. 想象画面。采用这种方法时，你需要在脑海里想象那些能让人有宁静平和的感觉的画面，比如，令人沉醉的自然风景。你可以试着调动所有感官，沉浸其中。在整个过程中，记得要保持呼吸均匀和平稳。

4. 开怀大笑。当我们开怀大笑的时候，我们的大脑会释放内啡肽——一种能消除或减少痛苦和不适，让我们感到放松和舒服的天然激素。追剧，看搞笑视频，或者给朋友打个电话，尽情做能让你感到开心的事情吧。

5. 锻炼身体。有规律地进行体育锻炼的人，不仅有更健康的身体和更好的身材，而且还更不容易悲伤和抑郁。跟大笑一样，运动也能让大脑释放内啡肽，从而改善你的情绪。

学以致用

面对压力，我们一般会做出三种不同的反应：

A. 发泄情绪。

B. 通过引起别人的注意来寻求帮助。

C. 自我安慰。

下面列出了不同的人在应对压力时所用到的 15 个不同的方法。请你先判断它们分别对应上面所说的三种反应中的哪一种，并在旁边写下对应的字母（A、B 或 C）。此外，这些方法是不是都属于应对压力的积极策略呢？请你在你认为"是"的方法旁画一个"+"，你认为"不是"的方法旁画一个"﹣"。最后，选出你在面对压力时会采用的方法，在该方法旁边画一个圆圈。

☐ 1. 做运动。

☐ 2. 通过吃东西来获得安慰。

☐ 3. 读书，看电影或电视剧，听音乐。

☐ 4. 睡觉。

☐ 5. 怒吼。

☐ 6. 玩电子游戏。

☐ 7. 无视问题，假装什么都没发生。

☐ 8. 哭。

☐ 9. 跟身边的人（家人或朋友）发脾气。

☐ 10. 因为头疼而窝在床上。

☐ 11. 寻求帮助。

☐ 12. 唱歌或跳舞。

☐ 13. 到社交网络上，看别人在做什么。

☐ 14. 为了解压，开始吸烟或喝酒。

☐ 15. 故意搞怪，惹周围的人发笑。

结合自己的经验，分析一下你所采取的方法有没有帮助你更好地管理压力、解决问题，或者反而让事情变得更糟糕了。现在，请你把 15 个方法再读一遍，从中挑选出下次遇到压力时可能会用得上的一到两个。

第 4 章

有效沟通

现在请让我来给你解释，更准确地说……

请让我说明我的意思！

小测试

请阅读下列描述，然后根据自己的情况，勾选出对应的频率。完成所有题目后，计算出总分，看看你的测试结果。

- 我可以让别人理解我的意思。

从不	极少	有时	常常	总是
1	2	3	4	5

- 每当我试图对别人说点什么，就搞得一团糟。

从不	极少	有时	常常	总是
5	4	3	2	1

- 我知道如何表达自己的感受。

从不	极少	有时	常常	总是
1	2	3	4	5

- 大人们抱怨说我从不跟他们聊我自己的事。

从不	极少	有时	常常	总是
5	4	3	2	1

- 有很多人来找我倾诉。

从不	极少	有时	常常	总是
1	2	3	4	5

- 我的朋友们抱怨说我从不跟他们聊我自己的事。

从不	极少	有时	常常	总是
5	4	3	2	1

- 我感觉我说话的时候对方在认真听。

从不	极少	有时	常常	总是
1	2	3	4	5

- 我努力避免进行过于深刻的聊天。

从不	极少	有时	常常	总是
5	4	3	2	1

- 我跟别人说话的时候会看着对方的眼睛。

从不	极少	有时	常常	总是
1	2	3	4	5

- 没有人能真正理解我。

从不	极少	有时	常常	总是
5	4	3	2	1

- 我会直面误解并努力解决。

从不	极少	有时	常常	总是
1	2	3	4	5

- 我觉得别人在对我评头论足。

从不	极少	有时	常常	总是
5	4	3	2	1

- 我能表达我的所思所想，甚至可以不通过语言。

从不	极少	有时	常常	总是
1	2	3	4	5

- 我认为向别人讲述自己的弱点会让自己变得更弱。

从不	极少	有时	常常	总是
5	4	3	2	1

- 我希望自己的感受能被别人理解。

从不	极少	有时	常常	总是
1	2	3	4	5

测试结果

15～35 分　跟人交流太难了

你知道跟别人交流不是自己的强项，你也努力尝试过，却被误解，或者你费了很多功夫，结果却不尽如人意。所以你决定还不如不说，假装什么都没发生。通过这一章，我们希望能尽量拉近你内心的感受和你所表达出来的内容之间的距离，帮助你把情绪表达出来，获得别人的理解。迈出这一步，你将收获满满的成就感。

36 ～ 55 分　我努力地表达，但是真的很难

当与别人产生矛盾或遇到伤心的事情时，你会试着用语言或其他方式来表达你内心的情绪，但是并不是每次都能取得满意的效果。你希望别人能更关注你在沟通方面所做的尝试。有时候你会感到孤独，觉得别人不理解自己。没关系，不要灰心。想要提高表达交流的能力，我们给你的第一个建议就是：找一个自己信任的人，检验一下你在这一章中学到的知识是否奏效！

56 ～ 75 分　我怎么想的就会怎么说

你是一个敢于表达自己所思所想的人。有时候别人可能一时很难接受你所说的话，但是你也不会气馁，因为你相信，只有坦诚交流才能构筑起更健康的人际关系。很多人都喜欢找你倾诉，寻求你的建议，或者只是就他们遇到的问题找你发泄一下。继续保持吧，你前进的方向是正确的！接下来，你会收获一些实用的建议，帮助你和朋友们进一步提高这方面的技能！

小故事

伊克巴勒·马西：反对童工制的响亮声音

1983 年，伊克巴勒·马西出生在巴基斯坦的一个特困家庭，从很小的时候起，他就被迫去工作。为了抵债，父亲把他卖给了一个做地毯生意的商人。在工厂里，伊克巴勒被迫每周要工作七天，每天工作十小时以上。伊克巴勒的手指又小又细，能够编织出带有非常精美图案的地毯，给天天折磨他的厂长赚了很多钱。然而，这位"奴隶主"非但不奖励他，反而指责他不好好工作，给工厂造成了损失。这样一来，伊克巴勒父亲当初欠下的债就总也还不完。

雇用童工的问题在当地非常普遍，工厂里有很多像伊克巴勒一样的孩子。他们生活的条件很差，每天吃不饱肚子，睡觉的地方肮脏不堪，更糟糕的是，他们被剥夺了自由，不能去上学，甚至不能离开工厂。伊克巴勒逃出工厂，参加了一个反对童工制度的示威活动。再次回到工厂后，尽管受到威胁和殴打，但他仍然坚持拒绝超长时间工作。经过艰难的抗争，伊克巴勒逐渐摆脱了厂长对他的奴役，并决定重新开始学习。后来，他成为一名捍卫儿童权益的活动家，他决定把自己的经历讲给大家听，并倾听其他像他一样被剥削的儿童讲述他们的故事。他学习，旅行，认识很多的人，参加国际会议……在会议上，他勇敢发声，让发达国家的人看到雇用童工的残酷，告诉他们这一问题仍广泛存在于世界上的很多地方。然而，令人难过的是，伊克巴勒的生命永远地定格在了 1995 年，他是被人杀害的，但是具体的情况至今仍然是一个谜。

　　不难想象，他所发出的声音一定激怒了不少人。他虽然那么年轻，却有着惊人的勇气和超凡的沟通能力，他能让成年人听到自己的声音，能引导公众舆论去关注一个如此刺痛人心但长久以来被刻意隐瞒的问题。也许这正是他被某些人视为"眼中钉"的原因。"任何一个孩子手里都不应该握着生产工具。他们的手只能用来握铅笔和钢笔。"这是伊克巴勒在演讲中向世界表达的最重要的观点之一。他要把自己的经历

置于聚光灯下，以便再也不会有其他孩子跟他有相同
的遭遇。

漂流瓶悄悄对你说

→ 与他人沟通，让对方明白你的心情和想法，并不那
么容易。不过，你并不需要每次都通过语言来表达，沉
默或身体姿态，也同样能传达你的愿望、恐惧和你所在
乎的事情。

学会有效沟通意味着什么

沟通：将自己的一部分与他人分享的艺术

一位伟大的沟通学者曾经说过，人不可能不沟通。当你把自己关进房间，"砰"的一声把门关上，将所有人都拒之门外时，虽然你一个字都没说，但是你同样传达了很多信息。你的每个动作都会向别人透露一定的信息，这是逃不掉的事实。既然如此，那么你不妨尝试以最高效的方式来表达自己的所思所想，让别人明白在这一刻你最在乎的是什么。

在英语中，沟通或交流用"communicate"来表示，如果我们研究一下这个词的源头，我们会发现它表达的是一种非常深刻的含义，即将一种有价值的东西放在公共区域供所有人使用，或者从自己身上拿出某种珍贵的东西跟大家来共享。只有当我们所说的内容被听的人所理解时，我们才能说我们在跟对方交流，否则这个过程就是不完整的。一端是信息的发出者，另一端是信息的接收者，中间则是信息的交换。交流永远都是一个双向的动作。接收到信息的人要给出一个反馈，即发出一个信息，告知对方信息是否接收成功。比如，你跟朋友倾诉了自己的心事，那么对方会用语言、眼神和身体姿态告诉你他是否真的听懂了你所说的话，是否真的理解你。你能感受到这一信息交换的过程是否顺利，如果顺利，你会觉得自己成功地跟对方分享了自己内心的感受，你会感到欣慰，感觉自己不再是一个孤独的个体。为了更好地跟别人交流，你还需要训练自己倾听的能力。

当你对某个人说了某件事，接下来会发生什么事情是无法预测的。信息接收者可能全盘接受，并对你表示感谢，但是也有可能不赞同或不喜欢他所听到的内容。比如，你对一位同学说她今天这样打扮很好看，但对方可能觉得你是在取笑她。还有的时候，说话的人感觉自己告诉对方是一件好事，但是最后反而变得一团糟。劳拉认为自己是罗贝塔最好的朋友。有一天，她对罗贝塔说："我要跟你坦白一个秘密，但是你绝对不能告诉任何人。"于是，劳拉把自己疯狂地喜欢上了班里的同学法比奥的事情告诉了她。然而，第二天，全班一半的人都知道了劳拉的秘密。劳拉感觉被自己最好的朋友背叛了，与此同时，她还成了所有人八卦的对象。总之，她讲出的话就像尖锐的回旋飞镖，兜了一圈反而把自己扎得生疼。就这样，原本一件好事最后却以不愉快收场。

这在沟通的过程中十分常见。我们所说出的话可能会被对方误解、曲解，或者被对方不假思索地转述给另外的人。所以我们才说沟通是一门艺术，言下之意就是，"优秀的沟通者"并不是生而有之的，而是锻炼和打磨出来的。很多人认为沟通就是张开嘴巴，把自己认为重要的东西一股脑儿说出来，或者就是在社交网站上贴出博人眼球的句子和图片，引得大家纷纷点赞。事实正好相反，良好的沟通需要我们付出的努力比这要多得多，因为你必须想清楚自己想要表达的内容。

"我再也受不了了，这种没有尽头的等待简直要了我的命。"丽莎看到朋友特蕾莎发来的信息，立刻担心起来。她遇到什么事了？丽莎立刻拨打了特蕾莎的电话，但是显示无法接通。丽莎更着急了，她又尝试了各种办法联系特蕾莎，依然没有成功。于是，她

给她们共同的朋友凯瑟琳发了个信息："特蕾莎肯定出
事了。""为什么这么说？"丽莎把特蕾莎之前发的信
息转发给了凯瑟琳。凯瑟琳立刻打了电话过来，两个
人在电话里焦急地猜测起来：特蕾莎是不是被男朋友
甩了，所以正在等他发和好的信息？她会不会在等救
护车上门，因为她父母出事了？她们三个其实好几天
没见面了，因为丽莎和凯瑟琳跟着各自的父母去度假
了，而特蕾莎还在家里。最后，丽莎终于等来了特蕾
莎发来的一条信息："对不起，我的手机刚才没电了，
充电器也找不到了。我还得在家再待一个星期。然后
就可以出发去海边了！我已经等不及了，这里热得像
要爆炸了！！！"丽莎赶紧把特蕾莎的信息读给凯瑟
琳听，两个人开怀大笑起来。谢天谢地！

　　这个例子提醒我们需要关注沟通中另一个非常重
要的因素：语境。想要准确地理解一条信息的含义，
了解对方说话时的语境非常重要。如果只是看特蕾莎
发的短信，她的两位朋友当然会担心。而且，她们之
间的沟通是通过手机进行的，女孩们无法面对面地看
到彼此。这就让准确地理解对方信息的可能性变得更
加渺茫，因为对于这条信息发出的背景，她们几乎一

无所知。如果你在短信里写道"我很难过",收到短信的人看不到你的脸,他所能参考的信息实在太少,因此根本无从知道你此时到底想从他那里得到什么帮助。丽莎和凯瑟琳在了解了事情的背景后,才真正明白特蕾莎那条短信想表达的是什么意思。

数字通信,跟现实中的交流遵循的是不一样的规则。因为只需要轻轻一点,你所发表的内容就会向大家公开,而且永远地留在网上。这个主题我们会在后面的章节中更深入地探讨。

关于语境,我们还需要补充的一点就是,我们说的每一句话,无论多么普通,都有可能在大量其他因素的作用下被阐述或理解成另外的样子,其中有许多我们甚至根本想象不到。比方说,接收信息的人的情绪实际上也会对彼此之间的沟通产生影响。所谓"言者无心,听者有意",如果我们给一位常常感到孤独的朋友发了一条简短的信息,对方可能觉得这就是对他不够关心、对他疏忽,虽然我们根本没有这种意思。沟通从来都不是客观中立的,而是会受到无数因素的影响。这意味着什么?是不是说有效的沟通根本就不存在?当然不是!继续读下去吧,高效沟通的奥秘等你来发现!

从理论到实践:你想从沟通中获得什么

"我把心里的话说出来以后,希望接下来发生什么事情?"开口之前试着问一问自己这个问题,可以给你带来不小的帮助。比如,当你想跟某位朋友抱怨他踢球的时候从来都不把球传给你的时候,在开口之前,你最好先仔细想一想,问一问自己到底想要什么样的结果。或许你心里早已非常明白,就算你问了,他还是不会把球传给你,因为他球踢得更好,对于整个球队来说,由他把球带到球门前更合适。在这种情况下,虽然改变现状的可能性不大,但是你却可以跟朋友分享你的感受,告诉他自己常常因为觉得能力不如他而感到很不舒服,你们可以一起想想办法,看看能不能在球场之外的其他方面找回平衡。又或者,你知道你的朋友在传球方面有问题,教练也说过很多次,那么你的目的可能是让他意识到如果继续这么做,队友们都会对他有意见。因此,不论遇到什么情况,如果你觉得必须表达自己的想法,一定要想清楚两个问题:对你来说什么是最重要的?你实际上可以向对方提出怎样的要求？

　　还是刚才的例子，如果答案是你只需要知道，虽然你的球技不怎么样，但你的朋友还是喜欢跟你在一个球队踢球，那么你要做的就是找到合适的时机用恰当的言辞对他说，然后仔细观察他的反应，听他怎么说，判断他是否成功接收到了你想表达的信息。你可以问问他愿不愿意跟你一起去训练场，此时你正在确定沟通的地点。如果他接受了，那么你们就有了单独相处的机会。此时，你就可以抓住时机。"我想告诉你一件事……有时候我会觉得很难受，因为比赛的时候你不怎么传球给我。我知道我球技一般，肯定不如你踢得好。但是有时候我感觉你好像不想跟我在一个队里踢球。"这时候，你就是在组织语言，确定自己要说什么。然后你要仔细听朋友如何回答。"你疯了吗？！虽然你笨得要命（他笑着说），可是我很喜欢跟你一起玩啊！"此时你是在倾听对方的反馈。

　　到这里为止，一个信息传达非常高效的沟通周期就结束了。为了让你发出的信息"响亮而清晰"，你需要遵循一些特定的规则。接下来会为你仔细讲解！

为什么这种生活技能很重要

妥当的言辞无比重要

露西亚刚转到新的学校，她谁也不认识。她的父亲一夜之间突然被调到另一个公司，不到两个星期的时间里，露西亚的生活发生了翻天覆地的变化。她正在读初三，新的班里她显然一个人都不认识，但是其他同学已经在一起学习了两年多。来学校的第一天，教意大利语、历史和地理的拉佩蒂教授进入教室，让她在全班同学面前做自我介绍。露西亚还在为那些突然而来的变化而感到心烦意乱，同时也有点腼腆，害怕新同学会不喜欢她。露西亚眼睛盯着地面，用轻得几乎听不见的声音回答了老师的提问，然而老师越追问，她的心里就越乱，最后已经完全不能思考了。总之完全就是一场灾难。下课后，一位同学朝她走了过来。"你好，我叫宝拉。开学第一天，如果一个人都不认识，那简直就是噩梦，对吗？不过现在你认识我了。我们坐同桌怎么样？"

　　宝拉知道话噎在喉咙里说不出来是什么感受，因为她曾经也是个非常羞涩的女孩。后来，初一那年，她加入了一个戏剧社，慢慢地她发现，自信而平静地表达出自己的观点，是最美好的事情。从那一天起，露西亚和宝拉成了形影不离的好朋友，露西亚后来也加入了好朋友宝拉所在的戏剧社。

　　学会说"不"

　　"不"，是我们的字典中最简单的字之一，但同时也是最难说出口的一个字。爱丽丝对此有很深刻的体会。她跟西蒙已经在一起好几个月了。西蒙是学校里最帅的男孩，爱丽丝非常惊讶自己会被相中，因此为了跟西蒙在一起，她甘愿做任何事情，甚至包括满足西蒙提出的某些过分的要求，比如，检查她的手机，决定她出门时可以穿什么，不可以穿什么。"说到底他还是爱我的。他这么做是因为他希望我是属于他一个人的。"爱丽丝试图用这种方式来说服自己，虽然事实上她已经感觉到有些不对劲，仿佛听到有警铃在提醒她：或许在他们两人的关系中，真正的爱情并不存在，有的只是可怕的控制欲，西蒙是在控制她的生活。阿德瑞娜是爱丽丝最好的朋友，她注意到了发生在爱丽丝身上的奇怪变化，尝试了很多次以后她终于找到了爱丽丝。"究竟发生什么事情了，爱丽丝？自从你和西蒙在一起，我根本就找不到你的人！"爱丽丝被阿德瑞娜的一番话逼得无处可逃，她开始一边哭，一边向朋友倾诉自己的感受。

我们不会告诉你西蒙和爱丽丝结局如何，但是请你设想一下，如果你是爱丽丝，你会怎么做？在这个故事里，爱丽斯就是一个典型的不会说"不"的人，即使在必须说的时候她也没能说出口。说"不"，意味着明确一段关系中的界限，告诉对方哪些事情是我想做、我想追求的，哪些事情是我认为不合适或我不同意的。说"不"，意味着不允许我面前的人来为我和我的事做决定。

学会拒绝并不是一件简单的事，有很多人虽然付出巨大的代价，但还是在不断妥协，正是因为他们没有勇气说出"不"字。没错，说"不"必须承受一定的压力，但是一旦说出口，它就能帮助你重新拿回生活的主动权，把选择权和决定权紧紧地握在自己手里。

学会说"不"，学着承担由此带来的结果，这种能力不仅对每一个个体来说意义重大，对于恋爱或家庭中的人来说更是如此。如果你有伴侣或者当你决定寻找伴侣的时候，你会发现，想要在两个相爱的人之间构建起一种健康而稳固的关系，也必须先学会接受对方的"是"和"不"。个人的界限，相互尊重的先决条件，对对方"领地"的尊重，双方各自的隐私权……对于这些，你需要训练自己学会对对方说"不"，这是至关重要的，因为只有这样，你才能在亲密的关系中（如爱情）感到自由和独立。知道了这些，现在你再回过头来看西蒙和爱丽丝的故事，你会发现他们关系中的脆弱之处有很多很多。

技能训练建议

关注自己的表达方式

为了更好地沟通，你首先要明白自己想要向对方传达什么。接下来，你就要训练自己的表达能力，将你想传达的内容用更好的方式表达出来。这里我们要介绍一些构成高效沟通的基本"原料"。

1. 语气。说话的时候语气应该平静、稳重、自信，让你对面的人明白你对你所说的内容有着十足的把握。这并不意味着说话的声音要很大。很多人为了掩饰自己的焦虑或对犯错的恐惧，常常会忍不住提高嗓门，但是这样很有可能惹人生厌，使沟通过程变得有些不愉快。

2. 眼神。沟通的时候一定要看着对方的眼睛，让对方明白你很在乎你所说的事情。如果面对的是一群人，你可以在一开始的时候先直视其中一个人，然后再照顾其余的人，对他们每个人都给予相同的关注。

要知道，直视听众的眼睛，不仅可以放大你所要表达的内容的价值，还可以使听众的注意力更加集中。

3. 姿态。当你跟别人沟通的时候，你的身体也应该充分发挥"支持"作用。你应该感觉到身体稳稳地"扎根"于地面。你可以通过挥动手臂来强调某个概念，也可以通过将手指指向某个方向，来着重突出某句话，引起对方的重视。此外，要注意时刻保持身体姿态舒展、开放，让听你说话的人感觉到你对他表示欢迎。

4. 距离。每个人都有自己的"身体边界"，这就像我们身体的领地，不允许其他人侵犯。因此，每当你要跟别人沟通时，你首先要思考对面这个人的身体边界在哪里，你需要与对方保持多远的距离，才能既保证他有安全感，又让他感受到你的亲近。

大量调查表明，在学习内容一致的情况下，那些最懂得搭配使用上面各种"原料"的学生，往往能得到最高的分数（在意大利，学校考试几乎都是口试，因此沟通技能对考试成绩有很大影响。——译者注）。除了不同的表达方式，我们在与人沟通时还会采用不同的沟通风格，最主要的是以下三种。

1. 消极风格。当我们想把某件事告诉某个人，但是又不想直接用语言告诉他时，我们所使用的就是消极风格。比如，我们可以突然改变态度，用沉默来暗示他有事情不对劲。

2. 进攻风格。当我们试图将自己的意见强加给对方时，就容易采用这种进攻风格。我们会提高嗓门，咄咄逼人地靠近对方，甚至冒犯对方，宣称我们的想法是正确的。

3. 笃定风格。这是最有效的一种沟通风格。它要求我们每次跟对方沟通时，都要采取合作的、没有进攻性的方式。也就是说，我们沟通的方式要清晰而直接，坦诚而不加批判。在沟通的每个回合中，都试着去充分理解对方想要告诉我们的内容，希望在沟通结束后，每个参与对话的人都感觉自己在这个过程中被对方真诚且完整地倾听和理解。

在生活中，我们都会用到这三种沟通风格。很显然，笃定风格是三者中最有效、最恰当的。

学以致用

你有什么话想对某个人说吗？试着给他写一封信或邮件吧！不要着急，动笔之前你要先想好你想说什么，想让对方接收到什么信息，还有，通过这封信你想取得什么样的效果。想清楚了这些问题，那就立即行动，把你的想法写在信里吧！写完以后，再来读一读下面的建议。

• 描述具体的行为和事实，而不是给出笼统的意见。比如，你最好说"我不喜欢你说我是笨蛋"，而不是说"你总是这么蛮横无理"。

• 说出你的情绪。这样才能让对方明白你的感受。"踢球的时候，如果你总是最后一个才选我，我就会感觉很糟糕。"

• 描述尽量准确，不要笼统概括。要针对具体的时间、具体的行为，而不是将其归类为习惯。比如，你可以说"停一停吧，你说话说得太多了"，而不是说"你总是为了证明自己有理而不惜一切代价"。

• 当对方愿意听你说话时，你们的沟通才会有效。因此不要跟正在发怒的人沟通，等对方气消了再说。

• 如果一件事情对你的内心产生了强烈的冲击，那么你需要尽快把它说出来，不要拖得太久。压力越积攒越大，最后会突然爆发，失去控制。

● **学会换位思考。**说话前，先想一想如果别人对你说这样的话，你会有什么样的回答或反应。

怎么样？上面这些建议你在写信的时候都采纳了吗？如果你觉得信需要修改，那就马上动手吧，这样不仅能让你所传达的信息更具"威力"，还能锻炼准确地表达自己的想法的能力，可谓一箭双雕。把信件改到自己满意后，寄送或发送给收件人，然后听一听对方的反馈，比如，他读懂了哪些内容，读信的过程中有什么体会；更重要的是，面对你的信，他都有哪些感受。

解决问题

做出决定

管理压力

有效沟通

网络自律

共情能力

创新思维

第 5 章

网络自律

智能时代，挑战常在

小测试

请阅读下列描述，然后根据自己的情况，勾选出对应的频率。完成所有题目后，计算出总分，看看你的测试结果。

• 我觉得不论是面对手机、平板电脑还是电子游戏，我都很难自控。

从不	极少	有时	常常	总是
1	2	3	4	5

• 我父母抱怨说我对着屏幕的时间太长了。

从不	极少	有时	常常	总是
5	4	3	2	1

• 我觉得在餐桌上最好不要使用电子设备。

从不	极少	有时	常常	总是
1	2	3	4	5

• 我学习或写作业的时候会把手机或平板电脑放在手边（即使用不着也要放着）。

从不	极少	有时	常常	总是
5	4	3	2	1

• 我去睡觉的时候会把手机等放在另一个房间。

从不	极少	有时	常常	总是
1	2	3	4	5

• 白天我在空闲时间做得最多的事情就是看平板电脑和智能手机。

从不	极少	有时	常常	总是
5	4	3	2	1

• 即使没有数码科技产品（手机、平板电脑、电子游戏等），我也能正常生活。

从不	极少	有时	常常	总是
1	2	3	4	5

• 由于前一天沉迷于玩手机、平板电脑或电子游戏，第二天到学校的时候我该做的功课还没做完。

从不	极少	有时	常常	总是
5	4	3	2	1

• 我觉得生活中总有一些最好不使用手机或平板电脑的时候。

从不	极少	有时	常常	总是
1	2	3	4	5

• 如果我独自在家，空闲时间我做得最多的事情就是玩手机、平板电脑和电子游戏。

从不	极少	有时	常常	总是
5	4	3	2	1

• 跟朋友在外面玩时，我有时会忘记玩手机这个东西。

从不	极少	有时	常常	总是
1	2	3	4	5

• 我认为在社交平台上发布一些不真实的内容后果没那么严重。

从不	极少	有时	常常	总是
5	4	3	2	1

• 在网上发布任何内容前，我都会先考虑由此产生的积极效果和消极后果。

从不	极少	有时	常常	总是
1	2	3	4	5

• 我遇到过正吃着饭不得不放下碗筷去接电话的情况。

从不	极少	有时	常常	总是
5	4	3	2	1

• 我觉得当有人正在跟我讲重要的事情时，我如果看手机是不合适的。

从不	极少	有时	常常	总是
1	2	3	4	5

测试结果

15～35 分　有什么问题吗

我们不知道你是否一看到社交网站和电子游戏就会心跳加速，但是可以确定的是你每天都眼不离屏幕。不过你要知道，你周围的现实世界，可比屏幕里的世界要复杂得多，点击或触摸一下屏幕并不能够改变那些你不喜欢的处境。因此，为了重新找回生活的平衡，不错过现实生活中的精彩体验，这一章的内容你必须认真学习。

36～55 分　见风使舵

你喜欢把电子设备带在手边，虽然大人们一直因为这件事情唠叨，但是你还是很难把它们放在一旁去做其他事情。你有没有想过，为什么跟玩电子设备相比，学习或写作业的时候，时间好像过得特别慢？问题就出在你的大脑上，你会在本章接下来的内容中找到答案。想要处理好和科技产品的关系，你不仅要看"肚子"的感觉，因为里面装的是永远不会熄灭的欲望和激情之火，还要听从大脑的意见。

56 ～ 75 分　警惕的冲浪人

你显然不是山顶洞人，你每天都在跟电子科技打交道，不过，最难得的是，即使没有电子产品，你也可以应对自如。你的爱好很多，所以电子产品对你来说并不是必需品。如果有一天全面断网，你也一样能安然无恙。你知道什么时候应该挂在网上，什么时候该下线，这是一种非常宝贵的自律性，应该继续修炼。这一章的内容会让你对网络世界有更清醒的认识，帮助那些过于沉迷于电子设备的朋友拓宽视野，发现现实世界的精彩。

小故事

卡洛琳娜·皮吉奥：语言比拳头更能伤人

如果活到今天，卡洛琳娜·皮吉奥（Carolina Picchio）应该有 21 岁了，可惜她的生命永远地停留在了 14 岁。她死于网络暴力，同学、朋友还有陌生人在社交网站上的无情议论将她逼到了绝境。她不是一个没有感情的洋娃娃，刺耳的言语像刀剑一样刺痛着她。父亲在卡洛琳娜去世后以她的名字成立了一个基金会，他这样描述女儿的遭遇：

"卡洛琳娜是一个聪明、无私、爱运动、有能力的女孩，但是 2013 年 1 月 4 日的那个夜晚，青春期的敏感和脆弱占据了上风，让她选择了结束自己的生命。在视频里，趁着卡洛琳娜失去意识，一群同龄人模仿性行为的动作猥亵着她的身体。看到这样的画面，难免会给她带来巨大的羞耻感。社交网站疯狂地转载着这些画面，各种侮辱性极强的评论简直令人窒息。而她就处在网络暴力的暴风眼上，成千上万条不堪入目的评论甚至来自她根本不认识的人。但是作为当事人的她根本不记得几个月前的那个聚会上发生了什么。当时是 2012 年 11 月,卡洛琳娜去跟朋友们吃了比萨,后来她喝多了,觉得不舒服,把自己关进厕所,然后失去了知觉。一群男孩围了上去,对着她做起了侮辱性的动作,动作越来越露骨和升级。有人把这些画面录了下来,想要诋毁她,说她跟不正派的人来往。视频先是被发到了参加比萨聚会的人所在的聊天群里,然后又被扩散到了社交网络上,随之而来的就是大量侮辱和贬低性的评论。名声和人品被摧毁了,这是令人无法承受的压力。虽然事件是在网上发酵的,但是谩骂声中的厌恶是真实的,卡洛琳娜所感受到的痛苦和折磨也同样是真实的。她结束了自己的生命,却留下了她振聋发聩的心声:'语言比拳头更能伤人。发生在我身上的悲剧,不应该再发生在其他任何人身上。'"

漂流瓶悄悄对你说

→ 科技和网络可以为你提供无穷无尽的机会,但是它们只有在能妥善操纵它的人手里,才能发挥最大的潜力。如果你只知道使用这些高科技的工具,却意识不到你在网络世界的一举一动都会带来相应的后果，那么这些工具就有可能成为非常危险的武器。

网络自律意味着什么

网络环境生而有之，自律意识需要培养

数字原住民的概念是美国传播学专家马克·普伦斯基（Mark Prensky）提出的。他认为，从 20 世纪末开始，电脑、电子设备和手机的大规模普及，使得年青一代在一个拥有各种电子屏幕的环境中成长起来。因此，在数字原住民看来，这些数字设备在他们自然栖息地中是不可缺少的一部分，他们可以熟练、持续地使用，不会有任何疑虑或担忧，甚至不受时间限制。

然而，虽然是数字原住民，但是许多人对身处的数字环境却没有很强的自律意识。有自律意识，意味着认识到自己的行为所附带的责任，这是我们大脑中的"理智脑"部分所具备的功能（我们曾在"前言"部分讲过），区别于直观的感觉和感受。我们不仅可以意识到发生在我们内心世界的事，也可以意识到发生在周围环境中的事。

如果我喜欢的男孩对我微笑，我首先会意识到自己内心所发生的变化（我会感觉心里乐开了花，同时发了疯一样地想跟他在一起），我还会通过收集各种信息（我会看着他的眼睛，看他在其他场合是不是也会对我笑，他是不是不论遇到谁都会笑，他有没有其他主动示好的举动，等等）来猜测他的心思，从而逐步建立起一个更接近于现实的判断（他确实对我有兴趣），而不是一个会让自己失望的错误想法（他对每个女孩都是这样的）。因此，意识可以让我们的头脑去跟本能反应和内心的非理性冲动相结盟，从而将所有的因素结合起来，形成一个基于现实的最终判断。意识能帮助我们在动手（或动口）之前先动脑。

　　我们的大脑中实际上有一张强大的思维之网，它随时待命，通过探索和观察，协助我们更好地管理自己的行动。而对于生活在数字时代的你来说，自律意识更是无比重要的朋友。在这个时代，如果做事不经过思考，造成误解、害人害己的风险是非常高的。

　　你身边的大人（父母，或者爷爷奶奶、外公外婆）跟你不一样，他们并非出生在数字时代，在网络和各种电子产品诞生之前，他们已经生活了很多年。

这也就难怪他们有时候会觉得难以理解你，因为数字科技是你的母语，而他们是半路才开始学习的。如果将自己的生活和他们的生活对比一下，你会发现，虽然有个别的事情还保留了原来的传统，但是其他的全都发生了翻天覆地的变化。比如，和父母一样，你大部分时间也是在学校上课，也会每周参加体育活动。然而，在对课余时间的支配方面，你和上一代人却完全不同。跟今天的孩子相比，父母小时候出门的频率要高得多，他们的独立性更强，他们的出行工具是自行车和摩托车。去上课、参加训练或其他活动，他们会自己去，很少让父母接送。今天的父母常常感到困惑，他们在青春年少时所竭力争取的自由和独立，对今天的孩子来说似乎没有吸引力。

"她唯一关心的事情就是手机是不是在自己手里。"12 岁的露琪亚的父亲说，"你能想象吗？有一天早上她把书包和所有的书都忘在了家里，但是她自己竟然没有意识到！而她的手机却从来没离开过手。"莱奥的爸爸也深有同感，"如果不是我在中学一开始的时候就给他立下了明确的规矩，我儿子可能已经完全离不开他的游戏机了。"

我们不知道你是否同意大人的这些说法，但是我们可以肯定，你一定也跟爸爸妈妈讨论过关于使用电子设备的问题。事实上，这些讨论很有必要，你在网络时代的自律性，正是在这一轮又一轮的拔河比赛中培养起来的。因此，不要再把你的父母当成原始人来看待了，你要利用好这些"切磋"的机会，厘清思路，让自己的思想更加成熟。

从理论到实践：网络成瘾症患者的世界

什么是网络成瘾症？一个人刚接触网络的时候，看到网络世界所提供的各种可能性，他感到无比惊讶和着迷，于是，他开始沉迷于这个世界，久而久之，虚拟世界里的生活对他来说变得越来越重要，甚至超越现实生活，这种现象，我们就称为网络成瘾症（简称"网瘾"）。一旦网络成瘾，如果你的朋友喊你出去玩，虽然你没有其他事，但是你还是会回答"恐怕我去不了"，因为这样你就可以在家尽情地玩自己最喜欢的电子游戏了。而这类游戏你越玩会越喜欢，到最后，你会发现比起像以前那样跟最好的朋友一起在小操场上踢足球，你更痴迷于在家对着屏幕玩 *Fifa*（一个非常流行的足球类视频游戏）。

对于网络成瘾症患者来说，如果缺少了各种屏幕，那生活就不是完整的，因为只有屏幕里的世界对他们来说才是有意义的。莫比（Moby），全世界最著名的音乐人、DJ（唱片骑师），曾经以手机成瘾现象为主题创作了一个音乐视频，堪称历史上最有分量，也最有讽刺意味的短片之一。视频的配乐是莫比的一首新歌，歌名——《你是否和我一样迷失在这世上？》（*Are You Lost in the World Like Me*？）非常发人深省。视频的风格很像 20 世纪 30 年代的动画短片，向我们展示了像僵尸一样沉迷于智能手机的一群人。他们谁也不跟谁讲话，谁也不会看向对方的眼睛。所有人都在拿着手机拍拍拍，即使发生在眼前的是十万火急的情况，比如，自杀或暴力争吵事件，也没有人插手，他们唯一关心的，就是要把生活中的一切全都拍摄下来。而这样的生活似乎变成了一场真人秀，秀场的尽头，所有人都坠入了万丈深渊，但是他们仍低头盯着手机屏幕，根本没有意识到悲剧的发生。这样的场景看起来好像科幻电影里的画面，但是如果去搜一搜这几年的新闻，你会发现，视频里那些看起来无比荒诞的事情，实际上已经发生在了现实生活中。比如，看到有人陷入危难，路过的人竟然掏出手机拍照，而不是伸出援手想办法营救。

　　越沉迷于网络，人对于网络世界的自律意识就会越淡薄。这听起来似乎很矛盾，因为你越觉得自己对虚拟世界了如指掌，实际上你在里面迷失得就越彻底。通过这一章开头的小测试，你已经大致了解了自己跟电子产品的关系如何，使用频率和使用方式是否恰当。在接下来的内容中，你将收获更加具体的建议，进一步提高自己在网络时代的自律意识。

为什么这种生活技能很重要

一寸光阴一寸金

如果说成长过程中有什么事情是特别困难的，那么时间管理绝对是其中之一。放学回家后，你吃完了饭，这时候你可能对自己说："马上开始学习有点太累了。"于是，你在沙发上或床上躺了下来，打算看一会儿手机。浏览一下 Instagram 上你关注的博主，打开 YouTube 看几个精选的视频，跟同学和朋友聊会儿天。看了一圈下来，你觉得也就用了十几二十分钟，可是看了一眼时间，你发现已经过去了两小时！这怎么可能呢？为什么学习的时候不到半小时你就受不了了，必须得从书桌前站起来去客厅或厨房晃一圈，但是上网的时候时间却快得像飞起来一样，不知不觉就是好几个小时？

问题就出在你的大脑里。还记得住在上下楼的理智脑和情绪脑吗？当上网或玩游戏的时候，你就等于下了楼，来到了情绪脑所在的房间。在这里，你可以无所事事，不付出任何努力，只需要尽情享乐。

不过，并不是所有的线上活动都应该受到限制。在新冠肺炎疫情期间，我们都经历了被封控在家的日子，短短几个星期之内，人们的社交生活都只能靠远程连线，真实的学校变成了虚拟的，课堂教学成了远程网课。那段时间我们所有人都是网瘾症患者，因为我们别无选择，每天花在屏幕前的时间呈现爆发式的增长。

然而，对于彼得罗来说，在家隔离的日子简直再好不过了。"我每天都在上课前的最后一分钟起床，然后穿着睡衣回应老师的点名。上课的时候，我经常偷偷做自己想做的事。作业就更简单了，我会等其他同学把答案发在微信群里后直接抄下来。我不用跟任何人讲话，我每天都可以玩很长时间的电子游戏，完全不用担心。有几天我甚至玩《堡垒之夜》玩了接近八小时。"

我们不用说你也能猜到开学后彼得罗面临着多大的困难。在家的时候他既没怎么听课，也没怎么学习，所以现在功课落下了很多。隔离期间欠下的账，他在接下来的一个学年中要用加倍的努力才能偿还。学会调整自己的线上生活，有节制地上网，每天不超过一定的时间，这对我们每个人的成长至关重要。不节制，甚至觉得不需要节制，是一个致命的错误。一旦误入歧途，我们就会被一块块屏幕操控，而我们原本应该作为主人操控它们。

《个人信息保护法》保护公民的个人信息，规定了在信息保护方面每个人都必须遵守的条款。比如，未经他人明确许可，不得将他人图像发布在社交平台。我们往往以为既然对方允许我们拍照，那就意味着对方也已经授权我们将其照片放在网上，但事实并非如此。任何人都有权要求我们删除关于他的照片，如果发布的照片被视为带有冒犯性或不尊重的意味，我们还有可能受到法律的制裁。因此，在发布任何一张照片前，你都要认真思考由此引发的后果。同时你也要知道，如果有人没有经过你的同意就把你的照片放在了网上，那么你一样也有权利要求对方将照片删除。

网络的记忆是永恒的

你在网络上分享的东西，会永远地留在网上。别人发布的关于你的信息也是一样的。互联网的记忆是永恒的！每次你在网上发布内容，你就把对这部分信息的所有权，让渡给了网站和社交平台的经营者。网上对你有哪些评价？有哪些照片和信息是跟你的名字联系在一起的？谁在帖子里 @ 了你？也许现在你觉得没什么，但是未来的某一天，这些却有可能变得影响异常大。因此，在网上发布任何有关自己或别人的照片和信息前，一定要先考虑清楚。

此外，如果你意识到不小心发了某些不该发的内容，想把它们删掉，那就不要犹豫，立刻行动。如果别人发布了你的照片或信息，你认为有损你的名誉或者你想要把它们从网络上移除，这也是可以做到的。把照片从社交平台上删除不是件容易的事，但也不是不可能的。你可以联系平台的管理员，阐明原因，让他们将照片删掉。每个社交平台都规定了在哪些情况下我们可以通过举报来要求删除某些照片。

在 Instagram 上，我们可以要求删除涉及下列问题的照片：

- 包含或煽动仇恨情绪；

- 宣扬自残；

- 展示色情或裸露的画面；

- 售卖毒品或枪支；

- 违反知识产权；

- 展示犯罪活动；

- 包含暴力或威胁的内容。

在谷歌上，对于在浏览器上所能找到的所有涉及向公众披露你个人信息的链接，你都可以要求管理员予以删除。

此外，如果有人发布了针对你的带有攻击性的内容，你可以向警察局举报，因为这是属于应该受到法律惩处的犯罪行为。

我自己选还是你替我选

不知道你是不是经常去超市买东西。超市入口处常常摆着一排货架，上面放满了各种促销的产品。顾客一进门，马上就会被这些货架吸引过去，然后很不经意地就买了一些在计划之外的东西。之所以会多买，是因为他们感觉这是一些机会，一些需要出手抓住的可能性。你或许会想："这怎么了？多买点有错吗？"没错，确实算不上是什么错误，但是了解一下大部分顾客因此而承受的损失还是有用的，比如，在超市里花费了比预计更长的时间，购买了不在购物清单里的产品，花费超过预期。

当你手里握着可以上网的设备时，同样的事情也可能发生在你身上：你本来想做某一件事，却做了很多预料之外的事，浪费了大量的时间。因此，学会自控非常重要，我们在接下来的段落中会一起学习如何自控。不把本来自己可以掌握的技能交给科技产品代为完成，也需要我们具有强大的自控力。你要去一个从来没去过的地方，很简单，只需要在谷歌地图上输入地址就行了；你要将一段文字从法语或英语翻译成汉语，你觉得很困难，没关系，有谷歌翻译；你要解一道数学题，不用担心，无论多复杂，总有合适的软件可以助你一臂之力；你要制作一个视频，有成百上千种手机应用都能轻轻松松地让你做出好莱坞大片的效果。这种例子数不胜数。

诚然，科技让很多事情都变得简单多了，从许多角度来看，科技是非常有用的。但是我们或许没有意识到，为了花尽量小的力气、以尽可能快的方式完成尽可能多的事情，我们将主动权拱手相让，甘愿让科技牵着我们的鼻子走。当有一天突然没有了网络，各种科技产品全都用不上，我们就会深感无助，陷入迷惘。因此，我们应该始终保证是人类在利用和操控技术，而不是相反。你昨天一天是怎么度过的？根据浏览记录，尝试分析一下你有多少时间挂在网上，使用了哪些程序，分别花了多长时间。然后试着写一写哪些事情是你主动选择的，哪些事情是找上门来选择了你的。

技能训练建议

进一步增强自律意识

前面我们一起探索和分析了很多有趣的问题，现在我们还想给你四个实用的建议。

每一个都能显著提高你在数字时代的自律意识，帮助你过上更高质量的生活，将宝贵的精力投到自己钟爱的领域并取得更令人满意的成绩。

1. 避免多任务处理。多任务处理，指的就是同时做很多件事情。比如，学习的同时玩游戏，跟朋友打电话的同时浏览社交软件上的新闻。你可能会觉得自己用做一件事情的时间做了两件事，更聪明、更有智慧或者效率更高。事实并不是这样的。

2. 不要带手机上床。近几年，很多研究青少年健康的科研机构都曾明确建议，坚决不要把手机带进卧室。把手机放在床头柜上会严重影响我们的睡眠时长和睡眠质量。手机拿起来就很难放下，入睡时间就会推迟，但是第二天早上，闹钟还是会准时响起！

3. 对每一次的"点击"负责。这一条与其说是建议，不如说是一根救命稻草。在网络上不假思索地随手一点，就有可能造成不可估量的伤害和损失。上网的时候一定要避免下面这些行为：

• 网络欺凌。在网上发布以羞辱他人、让他人在别人面前出丑或尴尬为目的的信息和图片。

• 发布色情信息。发布自己或他人私密部位的照片。

• 发布和传播谣言。捏造并散布不实的消息，帮助传播流言蜚语。

• 宣泄仇恨。发布针对某个人的带有仇恨或蔑视情绪的，甚至非常暴力的信息。

• 诱骗。成年人通过欺骗获得未成年人的信任，并诱导他们参与带有性含义的活动。

科学研究表明，在网上的时候，我们的行为往往受情绪脑控制，而不是理智脑。这些不经过思考的"点击"常常给我们制造麻烦，造成对别人的伤害。所以我们建议你一定要把这些建议铭记在心，三思而后"点"。

4. 遵守《不敌对沟通宣言》中的规定。

- 虚拟世界也是真实的。

- 你所选择的语言，代表的就是你本人。

- 语言是思想的载体。

- 发言之前先倾听。

- 语言是一座桥梁。你说话，是为了理解他人，让自己被他人理解；是为了更靠近彼此。

- 说话有后果。你所说的每一句话都会产生或大或小的后果。

- 分享人人有责。

- 只在网上说和写你有勇气当面说的话。

- 侮辱不等于争论。

- 沉默也是一种沟通。

《不敌对沟通宣言》

《不敌对沟通宣言》是一个以规范在线沟通者行为作为目的的章程。

宣言中列出了具体的规则，是给所有人提出的具体建议。遵守这些规则，既是对自己负责，也是对他人负责。

如果你每次在网上发布内容时都试着将其规则付诸实践，那么你将成为一位文明得体的网上冲浪者。

宣言的目标是为每位网民营造一个友好而安全的上网环境。

宣言的首次发布是在 2017 年，当时有许多政治家参与了宣言的编写。每个人都可以为文明的网络沟通贡献自己的一份力量，签署《不敌对沟通宣言》就是行动之一。了解更多信息，请访问：paroleostili.it/manifesto。

学以致用

请你试着创作一份属于你的个性版《不敌对沟通宣言》。你可以将上面的十条规则重新排序，并贴上从报纸上剪下的图片进行图文混排。对于你觉得比较重要的概念，可以用彩色笔予以强调。如果你想到了在上网时需要注意的其他规则，也可以添加进去。创作完成后，把你的《不敌对沟通宣言》贴在卧室墙上或电脑旁边。

☑ 解决问题

☑ 做出决定

☑ 管理压力

☑ 有效沟通

☑ 网络自律

☐ 共情能力

☐ 创新思维

第 6 章

共情能力

总会有人跟你有共鸣

小测试

请阅读下列描述，然后根据自己的情况，勾选出对应的频率。完成所有题目后，计算出总分，看看你的测试结果。

- 对我来说，了解别人的感受很重要。

从不	极少	有时	常常	总是
1	2	3	4	5

- 我很难理解别人的想法。

从不	极少	有时	常常	总是
5	4	3	2	1

- 我感觉别人的情绪似乎能传染给我。

从不	极少	有时	常常	总是
1	2	3	4	5

- 我意识不到身边的人是否难过。

从不	极少	有时	常常	总是
5	4	3	2	1

- 别人向我讲述他经历的事情时，我感觉自己仿佛能在脑海中看到对方描述的场景。

从不	极少	有时	常常	总是
1	2	3	4	5

● 我不喜欢深刻体会别人的悲伤。

从不	极少	有时	常常	总是
5	4	3	2	1

● 我会留意发生在我周围人身上的事情。

从不	极少	有时	常常	总是
1	2	3	4	5

● 看到有人哭时我会想要取笑他。

从不	极少	有时	常常	总是
5	4	3	2	1

● 如果我很在乎的人碰到不幸的事情，我会很想待在他的身边陪他。

从不	极少	有时	常常	总是
1	2	3	4	5

● 我讨厌过于喜欢显露自己情绪的人。

从不	极少	有时	常常	总是
5	4	3	2	1

● 如果某位朋友看起来心事重重，我会选择离他远一点。

从不	极少	有时	常常	总是
1	2	3	4	5

- 我听到朋友讲述的事情后感到激动不已。

从不	极少	有时	常常	总是
1	2	3	4	5

- 看到朋友哭，我立刻就会把他的悲伤带进我心里。

从不	极少	有时	常常	总是
1	2	3	4	5

- 在体操课上，模仿老师的动作对我来说很吃力。

从不	极少	有时	常常	总是
5	4	3	2	1

- 看电影的时候我被感动得泪流满面。

从不	极少	有时	常常	总是
1	2	3	4	5

测试结果

15 ~ 35 分　我在自己的位置上待着挺好的

你很专注于自己的感受，意识不到你身边的人也是有喜怒哀乐的。一遇到要谈论情感的时候，你就试图逃避。但是要知道，你正在错过一种非常重要的东西，一种与他人相处所最不可或缺的"原料"。因此，不要浪费时间了，本章的内容就是为你量身定制的，赶快学起来吧！

36 ~ 55 分　我试着站在他人的位置上，但是有点不舒服

你试着去理解他人、倾听他人的心声，但是这对你来说是个不小的挑战，耗费了你大量的精力，而且结果也不尽如人意。你考问自己是否值得花这么多时间在感情上，但是跟别人产生共鸣的体验，那种强烈的情感连接，又确实让你感觉很不错。通过这一章的学习，你将会获取丰富的信息，对共情能力有更准确的理解。

56～75分　**我很擅长站在他人的位置上考虑**

你很擅长分享他人的情感。如果有人伤心难过，你能敏锐地捕捉到，而且会很自然地靠近和安慰对方，不会感到尴尬或害怕。跟他人分享积极的情绪时感觉如何？答案是"棒极了"。这一章的内容，将进一步加强你的这种能力，促使你为需要帮助的人带去更多的鼓励！

小故事

阿黛尔：迎难而上的逆行者

今天的阿黛尔，是全世界最有名、最受欢迎的歌手之一。在走向巅峰的过程中，她做过无数逆潮流、反常规的选择。你或许也发现了，她的歌确实从不追赶时髦的潮流，因为她的艺术创作始终以情感为中心，讲述痛苦和新生，与听众分享她在生活中的亲身体验。

阿黛尔的个人生活并不顺利，她和妈妈潘妮历经磨难，"翻越了一个又一个山头"。阿黛尔的爸爸是个酒鬼，在她只有两岁的时候就抛弃了她们母女俩，从那以后，阿黛尔只能跟妈妈相依为命。成为国际明星后，阿黛尔曾多次在接受记者采访时透露，她觉得很难面对与把自己带到这个世界上的那个男人之间的关系。阿黛尔的生活中虽然充满了痛苦和磨难，但是她下定决心，一定要战胜命运，成为了不起的艺术家。正是这种不达目的不罢休的决心，驱使着阿黛尔申请了伦敦的不列颠演艺及科技学院（Brit School for Performing Arts and Technology）。她顺利通过了所有入学考试，14 岁便踏上了求学之路。

毕业后，她开始在社交平台"Myspace"上发表自己的歌曲，收获了自己的粉丝，变得小有名气。写了一首接一首的歌之后，她迎来了自己的第一张专辑《19》，这个数字对应的正是专辑在英国发行时阿黛尔的年龄。专辑一发行立即引起了轰动，阿黛尔也因此成为有史以来最了不起的歌手之一。在这张专辑中，阿黛尔讲述了爱情、被抛弃、失望、决裂，这些情感无一不是她的亲身体验。她的强大之处就在于，她能将自己生活中的痛苦收集起来，然后将它们转化成艺术。她的艺术、她的音乐、她独特的嗓音，使得她的歌曲如同圣歌，俘获了男女老少的心。她的歌声里，有能让所有人都找到共鸣的感情。正是这一点，使阿黛尔的歌声充满了魅力。

第一次站到世界面前的阿黛尔年少而青涩。这个微胖的女孩没有太多经验，有人议论她的身材，说她有些臃肿，但是她坦然接受，因为这就是"她的"

身体。她的目标很简单，就是把自己对生活的所有感悟，都转化成艺术和创作的灵感。她也确实是这么做的。她始终与自己还有自己的感情为伴。她学着辨别这些感受，倾听它们，深切地感受它们，然后以强烈而又深刻的方式去处理它们，将它们变成带有强大的情感冲击力的音乐作品。听阿黛尔的歌，我们会找到一种被理解的感觉，她的音乐有包容性，生命中的一切在她这里都可以被歌颂，不论好还是坏，不论阴霾还是灿烂。

漂流瓶悄悄对你说

→ 生活中免不了有痛苦涌入，但是我们内心都有一种强大的力量，可以拾起这些痛苦，通过选择有效的表达和倾诉方式，将它们排解出去。这个过程不仅能让我们自己如释重负，还能让他人和内心那个真实的我们产生共鸣。我们越能表达内心深处的情感，就越能拉近与他人的距离。共情是一种了不起的情感能力，它能搭建起你我之间的纽带，将彼此团结在一起。

有共情能力意味着什么

共情：能从内心感受到他人情绪的能力

共情是什么意思呢？你可能对"同情"比较熟悉，那么同情和共情有什么区别呢？我们可以从这两个词的英文"Sympathy"和"Empathy"入手。这两个英文单词都来源于希腊语。

其中，"Sympathy"中的"sym"表示"和，与"，"pathy"即希腊语中的"pathos"，意思是"感受"，即面对某种特定的情况时心里所产生的情感。如果我说我对一个人有同情心，就是说看到眼前的这个人的处境，我也产生了和他相似的某种感受。

而在"Empathy"中，"em"在希腊语中写作"en"，表示"内部，深处"，"pathy"依然是"感受"，因此我们说一个人有共情能力，指的就是他能从内心深处去感受。不过，他感受到的是什么呢？从内心深处感受又是什么意思？

相比于同情，共情是一种更深层次的能力，我们可以将它理解为努力地"穿上别人的衣服"的一种能力，"穿上别人的衣服"是意大利语中的一个常用表达，它形象地告诉我们，想要了解对方的感受，就需要把自己想象成对方，站在对方的位置上思考。

　　在这一章中，我们要共同学习一种在人际交往中非常重要的能力：从内心深处去体会他人的情感，从而更好地理解他人，给出恰当的回应，使问题顺利地得到解决。不过，这是我们每个人都能做到的吗？

　　答案是肯定的！我们人类从一出生就具备镜像神经元，这是科学家们近年来所取得的最为重大的发现之一。如同镜子能映照出你的形象，镜像神经元能够将别人的行为映照在你的大脑中，就像你自己在做出同样的行为。

　　我们举个例子。你的一位朋友哭得很伤心，因为他的父母正在闹离婚。这时，你的镜像神经元会把对方的行为全都反射到你的大脑中去，就像在一座大型的大影院里，一部名叫《我朋友在哭泣》的电影开始上映，里面包含着你所了解的所有关于这位朋友的信息（比如，他是一个爱哭的人还是从来不哭，你之前几次去他家的时候他家的样子，他讲述的他家现在的情况）。这一切都是自动发生的，看到朋友哭，你的大脑会自动地让你在内心深处感受到他的情绪。没错，镜像神经元是我们每个人生来就具备的，但是在后天可以得到怎样的发展，就取决于我们每个人的经历了。

你听说过自闭症吗？或许你认识的人有患这种病症的。导致自闭症的确切原因我们还不是很清楚，但是他们的镜像神经元似乎无法发挥正常的功能。研究人员认为，虽然有时自闭症患者的智力水平超过平均水平，但是他们无法理解他人的想法。比如，当他们看到有人在哭时，他们的大脑中不会生成任何"电影"，他们内心感受不到对方的感情，因此也无法安慰对方。

从理论到实践：有共情能力，对我们来说有什么好处

好处非常非常多！如果你是一个能理解别人的想法和感受的男孩或女孩，那么你的生活肯定是更幸福

的。你不相信吗？下面我们就来给你列举一些具体的好处。

• 理解别人的行为，做出恰当的回应。这听起来好像是一件微不足道的事情，但事实上并不是这样的。例如，当爸爸来到你面前，你的镜像神经元就会生成大量信息，这些信息由你的思考能力汇集在一起，这样你就更清楚地知道应该做出什么反应。比如，你可以看出他是累了还是不开心，是否需要你的帮助，是希望你给他一点安慰，还是有其他需要。

• 通过模仿来学习。如果你学过乐器，你可能有这样的体验：通过不断观察老师演奏，你逐渐也能演奏出相似的乐曲。这是因为你的大脑里激活了一系列连接，帮助你把老师的某些乐曲演奏机制变成了自己的。儿童学习技能的过程也是一样的，几乎都是先模仿大人的行动，然后进行无数次试验。

• 助你成为好学生。想要在学校里取得成功，只靠用功学习是不够的。当然，学习是非常重要的一个方面，但是真正的好学生，只有成绩好是不够的，还要懂得跟老师和同学融洽相处，面对不同的场合能及时做出反应，知道什么时候该保持沉默，什么时候该踊跃发言。

　　● 交到好朋友，建立牢固的情感纽带。这并不意味着你不会与任何人争吵，也不意味着你从来不会遭到误解，但是如果你了解了你的镜像神经元的工作原理，用关爱和智慧来待人处事，你就会变得越来越温暖，别人与你相处就会越来越愉快；与此同时，你也会找到让自己舒服的人，感受到被理解和被爱。

为什么这种生活技能很重要

没有任何一个霸凌者是有共情能力的

霸凌是涉及很多孩子的一个非常严重的问题。为了阻止这一现象的蔓延，社会上发起了非常多的运动。现在，如果某个班级里面出现霸凌的苗头，其他人一般都会想办法干预，及时终结霸凌行为，保护弱小的一方免受伤害。霸凌者都有一个共同的问题，那就是他们无法设身处地地站在受害者的角度思考。简而言之，他们不具备共情能力。不过，这种情况跟自闭症患者还不一样，因为霸凌者的镜像神经元本身并没有问题，是霸凌者主动要求它们保持沉默，变得不那么灵敏。

"你必须把文件夹拿给我，我要让所有人都看见你是我的奴隶！"提奥每天早上都要用这种方式来侮辱彼得罗。他这么做就是想看看彼得罗是不是会反抗，他很享受这种被大家仰望的感觉。彼得罗一直俯首帖耳，因为他害怕提奥，不敢惹他生气。如果有人能强迫提奥站到彼得罗的位置上感受一下，那么他肯定不会这么神气，但是问题是没有人做得到，提奥像个恃强凌弱的小霸王，吓得所有人都宁愿跟他保持距离。当然了，我们相信提奥并不只有这一面，他内心肯定也像其他所有人一样有一些柔软的部分，他的镜像神经元也随时准备着，只要有人创造好条件，它们立刻就能恢复正常的功能。如果提奥能认真地看着彼得罗的眼睛，问一问他被欺负时有什么感受，如果这些信息能抵达提奥的内心，那么事情肯定会出现转机。

每当你做出针对某个人的举动时，一定要先换位思考，设想如果是你自己遭受这样的对待，你会怎么想。你通过观察身边最亲近的人来练习一下：你了解他们多少？真的看到他们的内心了吗？

冷漠——日常生活里的"杀手"

如果经常看报或者听新闻广播，你会发现，从古到今，冷漠似乎是一个持续存在的"杀手"，迫害了无数人。我们可以以移民问题为例。政客们天天在电视新闻上针对有关移民的新闻发表意见，尤其是有移民遇难时，他们更是抓住机会，滔滔不绝地表达着他们对这个问题的看法。有些政客甚至放出一些残忍且咄咄逼人的言论，对于为了保命而逃离故土的难民没有丝毫怜悯之心，不愿对他们的处境产生任何共情。

假如你的班级里来了一位外国同学，他的风俗习惯跟你和你的同学完全不同，只会说一种你们听不懂的外语，衣服上还散发着一股奇怪的香料味，也许本能就会驱使你远离他，不愿意跟他一起玩。说到底，他没有伙伴也是他自己的问题，毕竟他没有办法跟别人沟通。然而，共情能力恰恰是与这种想法相反的一种推力，让我们相信每个人都值得被走近，被了解，被真正理解。共情，能在人与人之间架起一座桥梁。如果你也能成长为一个有共情能力的人，那么你也将为创造一个更加美好的世界贡献宝贵的力量。

技能训练建议

共情让生活更美好

所有颜色都很漂亮，但是其中只有三种被定义为基本色，因为其他颜色都是由这三种色调配而来的，没有基本色，其他颜色都无法得到。共情就像基本色，它是一种基本能力，有了它，你才能跟所有你遇到的人更融洽地相处。那么，你该如何锻炼自己的共情能力，让它成为生活里的"基本色"，使你的每一天都焕发独特的光彩？下面就是我们送给你的几个简短的建议。

• 面对情绪不要逃避。共情不仅关系到积极情绪（如快乐），也关系到消极情绪（如悲伤）。尤其是后者，有时候人们会通过攻击性的行为吓退旁人，从而掩饰自己内心的消极情绪。拥有共情能力，意味着要透过表面现象去看本质，真正弄清楚问题的根源。

• 跟不同的人（包括看起来不太友好的人）交往。

做一个有共情能力的人，意味着要去理解跟你有关的人正在思考什么、正在体验什么样的情绪。要做到这一点并不容易，尤其当你面对的这个人跟你非常不同，甚至对你很不友好。但是你要知道，这种努力绝对不会白费，不仅受到你关注的人会从中获益，对你来说也同样有重要的意义。你会发现对方身后所隐藏着的你根本意想不到的事情，学会与更多的人和谐相处。这就像给你的共情能力报名参加了一个集训班，效果绝对不会令你失望。

●　不要以为即刻就能理解对方所经历的事情。为了更好地理解对方正在经历的事情，你需要动用身上所有的"工具"：望着对方的眼睛，仔细听他讲述，试着站在他的角度思考，倾听自己内心有哪些情绪在萌生……不要操之过急，刚知道了一点皮毛，就马上以为已经了解了全部真相，毕竟有时候我们很容易"错把萤火虫当灯笼"。不要急躁，即使你确信已经懂了，也依然需要继续观察细节，提出疑问。

●　学会营造合适的环境。跟对方分享重要的信息时，一定要避免分心。因此，手里不要拿着手机，不要一心多用。倾听别人的倾诉，需要你全神贯注。你要在心里腾出一片空间，让对方的情绪得以在你心里映射和成形。此外，你还要控制自己的身体，呈现出欢迎和乐意倾听的姿态，这样才能鼓励对方说出心里话。

模仿沉思者的姿势，你也将陷入沉思

巴黎博物馆里有一座非常漂亮的雕像，塑造的是一个陷入沉思的男子形象。这就是著名雕塑家奥古斯特·罗丹的作品，罗丹给它取名叫《沉思者》（也叫《思想者》）。他非常喜欢这座雕像，甚至希望把它放在自己的墓地上，作为对思维活动永恒的礼赞。有心理学家发现，雕塑中男子的身体姿态具有极强的暗示作用，他推测，不论是谁，只要模仿着摆出同样的姿势，其思维就可能被激发。"如果我摆出沉思者的姿势，那么我也很有可能陷入对某件事情的沉思。"我们姑且相信这个假设，因此，建议你也摆出共情者的姿态。如果你想倾听朋友的倾诉，那就坐到他身边，不要受其他事情干扰，看着对方的眼睛，将自己的身体和对方的调至同一频率，然后用心倾听涌动在自己身体内的信号。

学以致用

下一次当你和朋友或大人发生激烈冲突的时候，请你以实际行动，设身处地地站在对方的角度想一想。比如，妈妈刚刚拿走了你的手机，把它放在了洗手间（根据你非常讨厌的一条规则，写作业的时候手机就应该放在那里），你正要对她大发雷霆，这时候，请你停下来，努力控制住自己。现在，你不再是那个需要服从安排的孩子，而是希望孩子能又快又好地完成作业的妈妈或爸爸。如果你的父母也愿意扮演你的角色（儿子或女儿）就更好了，这样就是完整意义上的角色互换！

第 7 章

创新思维

让生活变得更美好的奇妙配方

小测试

请阅读下列描述，然后根据自己的情况，勾选出对应的频率。完成所有题目后，计算出总分，看看你的测试结果。

- 关于课余时间做什么，我有很多想法。

从不	极少	有时	常常	总是
1	2	3	4	5

- 我因为无所事事而感到很无聊。

从不	极少	有时	常常	总是
5	4	3	2	1

- 写论文或故事对我来说都不难。

从不	极少	有时	常常	总是
1	2	3	4	5

- 跟朋友在一起的时候，我不知道做些什么。

从不	极少	有时	常常	总是
5	4	3	2	1

- 我曾经组织聚会，给别人制造惊喜。

从不	极少	有时	常常	总是
1	2	3	4	5

- 需要发明东西的游戏对我来说很困难。

从不	极少	有时	常常	总是
5	4	3	2	1

- 我喜欢做一些可以发挥想象力的小艺术品。

从不	极少	有时	常常	总是
1	2	3	4	5

- 我讨厌画画的时候没有标准的示范可以参考。

从不	极少	有时	常常	总是
5	4	3	2	1

- 我想出了非常巧妙的办法来解决问题。

从不	极少	有时	常常	总是
1	2	3	4	5

- 我没有天马行空的想法。

从不	极少	有时	常常	总是
5	4	3	2	1

- 别人觉得我很有创意。

从不	极少	有时	常常	总是
1	2	3	4	5

- 面对变化我不够灵活。

从不	极少	有时	常常	总是
5	4	3	2	1

- 我能通过改变形式，把旧的东西改造得焕然一新。

从不	极少	有时	常常	总是
1	2	3	4	5

- 如果别人不能给我明确的指示，我就会不知所措。

从不	极少	有时	常常	总是
5	4	3	2	1

- 需要组织活动时，大家会向我征求意见。

从不	极少	有时	常常	总是
1	2	3	4	5

测试结果

15～35分　我不住在"幻想星球"

如果有一个地方叫"幻想星球"，在那里你可能遇到不少麻烦。每当你需要发明某些东西或从零开始创作东西时，你就会感到无从下手，你一点也不喜欢这类任务。通过这一章的学习，你会发现事实上这种能力在你身上一点也不缺，只不过需要找到恰当的方式来促使它萌发。

36 ~ 55分　有一点点想象力

你时常试着放飞想象，自由地表达自己的想法，但是结果常常并不能令你满意。你心中总归还有一点恐惧，害怕被别人取笑，害怕在大家面前丢脸。但是这正是获得无限创新力的代价：你需要在众人面前展示自己的想法，即使他们的目光可能是苛刻或带有敌意的。这一章的内容，将助你挣断束缚你想象力的枷锁！

56 ~ 75分　创意自由喷发

每当需要发明东西或想办法解决问题时，你总是冲在第一个。这并不是说你的点子每次都能被大家选中，但是你并不在乎。你喜欢不断尝试，永远在不知疲倦地幻想。通过本章的学习，希望你能得到更多启发，收获更多灵感！

小故事

布鲁诺·穆纳里：创新力是生活的动力

在开始讨论创新力之前，我们决定先带你认识一位视这种能力为生命的艺术家。布鲁诺·穆纳里（Bruno Munari）生于意大利时尚之都米兰，六岁那年，他跟随家人搬到了乡下。这次的搬迁对他的影响很大，他沉浸在自然的怀抱中，学着观察大自然——观察涓涓细流，观察锯齿形山峰的轮廓……从一所书画刻印学校毕业后，穆纳里回到了米兰，开始了他的职业生涯。一开始他在几个艺术家工作室打工，后来，他开始创作自己的作品。他在形式创作方面展现出了惊人的才华，尤其擅长赋予各种物件以新的形式，创造出了许多引人入胜、令人惊叹的新颖造型。

《无用的机器》是穆纳里很有名的一件作品。他精心挑选了一些轻质的材料（纸板、铝、轻质木材），将它们切割成几何形的小块，然后再涂上颜色。涂色非常讲究，出现在这些几何形状上的色块不能是对现实的复刻，目的是不能让人联想到现实生活中存在的物品。穆纳里将这些小块用透明的尼龙线挂在天花板上，这样它们就拥有了生命。这是一件可以不断地自我创造的艺术品，你观察的角度不同，它的视觉形状也随之改变。这些看上去好像随意悬挂的几何小块，实际上是经过设计师精心排布的，每一小块都得到了最好的呈现。

《会说话的叉子》和《旅行便携雕塑》也是穆纳里非常有名的作品。前者是一系列"张牙舞爪"的叉子，穆纳里巧妙地将它们的齿尖弯成各种形状（如果你感兴趣的话，只需要在任意的搜索引擎中输入这件作品以及作者的名字，就可以看到它们长什么样子），向观众传达着特定的情绪、动作或微笑；后者则是用木头或纸板制作的各种折叠艺术品，可以供那些旅行或离家出行的人随身携带。

此外，穆纳里还对儿童和儿童的创新力尤为关注。他研究儿童认识世界的方式，发明了各种能提高儿童表达能力和创新能力的游戏，还开设了相关的工作坊。在米兰的布雷拉宫古代与现代艺术画廊里，穆纳里开设了第一个儿童工作坊，在那里，小朋友们可以通过游戏，锻炼自己的观察能力、策划能力和动手能力。由于这一尝试极为成功，很多工作坊陆续在意大利的其他城市开设起来。

关于如何把周围的一切（形状、颜色、材料等）都转变成可以与世界分享的艺术，布鲁诺·穆纳里带给了我们许多启示，直至今天，人们对他的方法论进行研究，希望能让这些珍贵的启示永葆活力。

漂流瓶悄悄对你说

→ 现实生活总是充满了挑战，而创新思维可以成为一个强大的盟友，助你冲破障碍，清除笼罩在心里的阴霾。你听说过阿基米德和浴缸的故事吗？那段时间他一直在冥思苦想，有一天泡在浴缸里的时候，他突然灵光一闪，大叫一声："Eureka!"（希腊语，意思是"我找到了！"）激动的阿基米德立刻从浴缸里跳了出来，甚至忘了在身上披一件衣服，就迫不及待地跑去跟大家分享自己的新发现。而"Eureka"这个词从此也被视为灵感来临的象征，成为许多人梦寐以求的时刻。事实上，在这一刻到来之前，所有的线索都已经堆在了阿基米德的脑海里，只不过没有找到恰当的方法将它们连接起来。随后，在某个瞬间，灵感突然降临，一个偶然的场景或情节，使既有的一切改头换面，重获新生。

有创新思维意味着什么

创新思维：发现藏在现实中的奇迹

创意来源于已经存在的事物，来源于我们周围的世界。除非你是哈利·波特，不然，发明新的东西并不需要魔法棒。想要成为一个拥有无限创意的人，你需要有善于发现的眼睛、灵敏的耳朵、善于探索并乐于操作的灵巧双手、敏锐的嗅觉以及发达的味觉。你在现实生活中的体验越多，就等于在大脑里积累了越丰富的素材，可以供你塑造越多新的东西，能越自如地实施自己的创意。

在这一章中，我们将会帮助你换个角度重新审视你已经认识的事物，用新的方式将它们重新组合，体验创新的乐趣。大自然为我们提供了能刺激和培养创新力的素材。画家们常常将画架搬去户外，对着如画的风景寻找灵感，试图模仿大自然的神笔，在画布上重现光影与形态的无限和谐。大自然是最杰出的艺术家，看那随着季节的更替而变换色彩的树叶，它们创作出了多少迷人的景致。

你有哪些跟大自然亲密接触的经历呢？你有没有在森林里搭过小木屋，或者用收集来的树枝、树叶或松果创作雕塑？将这些自然元素作为玩具，可以激发你的想象力，促使你舒适放松地与大自然深度接触。大量研究表明，与大自然近距离接触不仅有益健康，还能增强人体的多种功能，其中就包括创新力。

不过，创新力不一定非得在我们与大自然接触的时候才能发挥作用。无论你在做饭、写小说、讲故事、发明游戏，还是在拍视频、跳舞的时候，创意都有可能闪现。你会发现，一切都可以为创新力所用，创意不知道在哪个瞬间会闪现。可以确定的是，想要拥有无限的创意，你必须观察现实生活的方方面面，接收到大量不同的刺激。

有越多美好的事物进入你的眼睛，就有越多的东西进入你头脑中的创意工厂，变成光彩夺目的新作。

从理论到实践：历史上的伟大创新者

该如何向你描述这种了不起的能力呢？这可不是件容易的事。我们决定以历史上的名人为例，看看他们是如何将创新力付诸实践的。

我们想举的第一个例子是人类历史上最伟大的发明家达·芬奇。他最大的特点是在多门学科上都有显著的成就，绘画、机器人技术、机械工程、自然科学、制图学、水利工程、散文、解剖学……全都不在话下。也许正是由于这一特点，达·芬奇被许多人视为天才——一个在任何情况下都能创造出令人叹为观止的事物的旷世奇才。达·芬奇的成长环境充满各种刺激，他是跟小叔叔弗朗西斯科一起长大的。弗朗西斯科比达·芬奇大不了多少，整个少年时期，他都有许多自由时间，几乎每天都带着达·芬奇四处探险。他们花了大量的时间在大自然中探索，每次在一起都会发明一些新奇的玩法。达·芬奇的非凡创新力究竟来自哪里？其中弗朗西斯科肯定发挥了非常重要的作用。他们每天都在探索和发现，每天都在不停地游戏、发明、观察、寻找、搭建……所有这些活动都为达·芬奇积累了受用一生的宝贵资源，促使他不断地创造出惊人的发明。

　　除了达·芬奇这样的多面手，还有很多发明家是术业有专攻的。他们在对特定过程的日复一日的观察中得到锻炼，最终有了伟大的发现，取得了了不起的成就。法国化学家路易·巴斯德就是一个很好的例子。巴斯德在学校里的成绩一直很好，而在化学上，他展现出了比其他学科更高的天赋。后来，他成了一名大学教授，开始将大量精力投入研究细菌及其繁殖的实验中。他的发现为人类健康方面的研究带来了重大突破。他发明了一种保存食物的方法，直到今天我们还在广泛地使用，即巴氏杀菌法。

　　现在我们再来看一个时间上离你更近的例子——史蒂夫·乔布斯，苹果公司的创始人。他在学校里算不上一个模范学生，大学才上了六个月就选择了退学。他对高科技的热情始于电子游戏，先是自己发明了电子游戏，然后又在养父母的车库里发明出了他的第一台电脑。后来，他和一位朋友拿着卖掉一辆小货车换来的少量资金，创办了苹果电脑公司。史蒂夫·乔布斯是第一个将电脑设想成操作极为简便的机器的人，在他的理念中，电脑应该走进千家万户，让每个人都能轻松上手。他立志要发明出一种革命性的工具。在热情和渴望的驱使下，乔布斯在简陋的车库里一遍又一遍地试验着，直至灵感降临，他的创意最终成就了一个科技帝国。

这只是许多例子中的三个。正如你所看到的，每个例子都非常不一样。你觉得哪一个例子更能让你产生共鸣？你认为自己的创新力能打几分？

为什么这种生活技能很重要

创新力让生活更轻松

训练有素的创新思维，经常能在日常生活中派上用场。它不仅能帮助你在艺术考试中拿到更高的分数，还是解决许多具体问题的有力武器。当大家感到无聊的时候，有创意的人总能想出新奇的点子；需要策划项目、实施计划时，他们是最得力的队友；当你被问题困住，不知道该怎么办时，他们是擅长为你出谋划策的朋友；当某些东西找不到或突然不能正常工作时，他们也能雪中送炭，快速地提出替代方案。

如果你认为自己是一个具备良好创新思维的人，那么你肯定能够体会到我刚才说的这些场景是多么真实、多么美好、多么有趣。相反，如果在今天以前你都在专注于培养自己其他方面的能力，没有花太多的精力在开发想象力上，那么现在就是行动的最好时机。也许有人会不喜欢你的创意，他们的不屑和冷漠可能让你心灰意冷，阻碍你前进的脚步。可是别人不喜欢那又怎么样呢？这才只是一个开始。就连那些最伟大的发明家在取得成就之前也经历了无数失败和失望。学会正视这种挫败感非常重要，不要轻易灰心，继续张开想象的翅膀，下一个好主意将很快降临。

在一个运作良好的团队中，我们常常遇到这样的情况：在寻找最佳方案的阶段，大家接连不断地提出各种怪诞的主意，引得所有人都捧腹大笑。事实就是这样，创意总是和错误携手而来，只有那些能接受批评的人，才能不断地提升自己的能力，提出更合理的新创意。创新思维能让你的生活变得更轻松，让你成为一个大家都乐于与之共处的人。

创新力让大脑得到滋养

创意的产生需要经过许多非常复杂的过程。生活在网络世界中的你一定对"链接"不陌生吧？创新思维就依赖你大脑中的大量"链接"，它们能够点亮大脑中的多个区域，而且每次都能生成新的组合。这种思维方式有一个特点，那就是不随波逐流，不走大多数人所走的路。创意起源于一粒脱离主流的星星之火，原创的火苗便由此诞生。想要成为一个具有创新思维的人，你必须具备以下品质。

• 原创性，即创造新事物的能力，这些事物是别人意想不到的或没有见过的，因此会令人感到十分惊奇。

举例：学校里有人推荐你参加一个环保主题的海报设计比赛。你或许有很多想法，但是你要从中挑选一个最特别、最独一无二的创意，然后再开始动手制作。

• "想法风暴"制造者，即迅速地生成多样且有趣的想法的能力。训练这种技能时，我们最常用到的一个方法就是"头脑风暴"，指的是围绕一个主题，让团队中的所有人自由联想，说出他们能想到的所有词语，从而在极短的时间内收集到尽可能多的"输入信息"，有效地拓宽观察和思考的角度。也许有的老师已经给你介绍过这种方法，如果没有也不用担心，未来迟早会用到的。

• 流动性，即在头脑中将关于某个创意从诞生到落地的各个阶段的想法都汇集起来的能力。

举例：你正在策划为某个朋友举办一场惊喜派

对，你的脑海里会快速地闪过很多想法：可以做哪些事，必须做哪些事，想邀请哪些人，什么可以说，什么不可以说，时间如何安排，先做什么后做什么……通过整理这些想法，你最终确定出最佳方案，把每一个细节都安排得恰到好处。

• 灵活性，既不害怕出错，能勇敢地选择通往目的地的道路，必要的时候又能灵活地改变方向，在发现自己迷路或在徒劳地转圈时能够及时回头。

举例：小组合作解决问题时，往往很难调和所有人的意见。你提出了一个方向，但是其他人不同意，事情可能就此陷入僵局。这时候只有灵活一点，重新寻找能调和大家的分歧和观点的新道路，才能打破僵局。

创新力是培养出来的，不是天生的

你可能觉得尝试自己动手给朋友制作礼物或者设计卡片并不值得。你还可能认为，虽然每次美术老师让自由绘画时你都画不出什么像样的作品，但是这并不是你的错，既然你天生就缺乏创新力，你还能怎么办呢？可惜事实并非如此。这当然不是我们信口胡说，而是由研究脑功能的科学家们得出的结论。

创新力是培养出来的，即使一个人在这方面没什么过人的天赋，后天的经历也一样可以带来改变，使他成为创新力和想象力的冠军。这是参加 2012 年圣地亚哥神经科学大会的教授们的观点。他们指出，创新力并不存在于大脑中的某个地方，而且也不受某个特定区域的控制，因此也就不直接受到基因的影响。创新力是一个由大脑中多个部分共同协作来完成的功能，它不取决于基因，而是通过我们的经历和经验建立起来的。"大脑就像一台创意机器，你只需要找到最好的方式来操控你的软件，机器自然就能运转得很好。"哈佛大学的教授雪莉·卡森这样写道。

能强化我们的创新思维的"原料"包括：

● 想象力，尤其适合在小时候通过大量的刺激来培养。

● 记忆力，能帮助我们把过去的发现储存在大脑中，这样在未来我们就可以用新的方式去加工和使用这些素材。

● 情感，可以在创作时让我们体会到一些积极的感受。

• 大脑的各个区域，特指能让我们完成灵活的动作、促使我们尝试新事物的大脑分区。

科学界的另一个重要发现是，充足且优质的睡眠，能够让我们变得更有创意。睡眠不足的人，其创新思维会被抑制。夜晚就像想象力的梦工厂，我们的想象力会在梦里找到一块巨大的画布，把白天收集到的所有信息全都描画在上面。

因此，最能刺激创新力的方法，就是不断地去经历。对于儿童来说，游戏不仅是一种乐趣，更是一种义务，因为正是在游戏中，他们尝试处理问题，学会转变态度、观察世界。把积木搭起来，然后又推倒，在摸索和犯错中前行。想要拥有创新力，就不能害怕犯错。游戏中的确有一些规则是我们必须去学习的，但是也有一些我们可以去打破，然后建立起自己的规则。

乐高迷都知道，想要顺利完成一个搭建项目，必须遵照说明书的步骤，但是有时候，把许多没有完成的作品及剩下来的零碎部件集中到一起，根据自己多年来玩乐高所积累的经验，搭建出一个全新的独一无二的作品，也同样是非常令人兴奋的。毕加索曾经说：

"像专业人士一样学习规则，这样你就可以像艺术家一样打破规则。"当然，现在你已经不是小朋友了，从某种程度来说，你和创新力的关系已经初步形成，但是不用担心，从现在开始去强化这种思维方式还为时不晚。

现实世界是虚拟世界的养料来源

我们每天都有很长的时间是对着手机屏幕度过的。在手机上，我们更多地看别人创作或发明东西，不过随着自媒体时代的到来，每个人都开始试着自己创作，然后把自己的作品发布在网络平台上跟别人分享。从这个意义上来说，科技给我们提供了非常了不起的工具。

你可以想想看，如果你想拍一段视频，你可以在网上找到多少相关的应用程序啊！你完全不必拥有专业的技能，借助这些工具，在极短的时间内，你就可以创作出质量非常不错的视频作品。这在几十年前是根本不可能的。那时候，拍摄视频需要用到多种不同的设备，这类设备不仅非常昂贵，而且操作也很复杂，在没有掌握所有的功能之前很难上手。

　　现代科技大大缩短了拍摄视频所需要的时间，这似乎是在告诉我们，只要我们想，每个人都可以做导演。然而，虽然现在我们几乎人手一部智能手机，在极短的时间内就可以完成许多操作，但是创作仍然是有精准规则的过程。如果说"如何"创作已经不成问题，那么创作"什么"仍需要我们不断地扩宽视野，用更多体验去丰富我们的头脑。如果科技阻碍了我们与大自然以及我们所生活的环境的直接接触（不通过手机屏幕），根据前面几个段落的内容我们已经知道，我们的想象力就会随之枯竭。每当你低着头走在大街上，眼睛紧盯着手机屏幕（不要说你从来没这么做过！），你要知道，你正在和某些珍贵的生活体验擦肩而过，而这些体验，有可能将促使你在下一次的主题演讲中拿到满分或者在文学大赛中拔得头筹！

技能训练建议

英国的两位学者(格雷厄姆·华莱斯、理查德·史密斯)在他们的著作《思想的艺术》[1]中曾经用四个阶段来描述创新思维过程。我们想要在此基础上给你提供一些具体的建议,帮助你在日常生活中加以训练和强化。

1.准备阶段。在这个阶段,我们建议你去收集能有效激发你的创新力和想象力的各类材料。这些材料必须是非结构化的、简单的,这一点非常重要。下面是一些具体建议,希望通过五种感觉来激发你的想象力,并在接下来的步骤中通过一些有创意的实验来获得乐趣。

• 触觉。想要刺激这种感觉,你可以从家里找一些能提供不同触感的材料,比如,砂纸、柔软的毛绒玩具、一块纹理粗糙的布料。试着触摸这些材料,可

1 Graham Wallas e Richard Smith, in Wallas G., The Art of Thought, 1926, Solis Press, Royal Tunbridge Wells, UK, 2018.

以选择闭上眼睛，用心体会它们在你身上激起了哪些感受。

• 嗅觉。从家里、花园里或公园里收集不同的气体样本，装进可以密封的小容器中，制作成一个小型气体"博物馆"。

• 视觉。从家里或者户外选出最能打动你的一些画面，既可以是难以察觉的细节，也可以是广阔的全景。你可以自己拍摄照片然后打印出来，或者直接从杂志上剪下那些最能吸引你的注意力的图片，这样你就拥有了一个动人的照片集。

• 听觉。针对听觉，你同样可以通过收集室内或户外的声音，制作出属于自己的声音库。听觉是需要训练的，你可以努力去辨别周围的各种声响和韵律，有一些如果你不用心听是不会注意到的。这种训练如果在大自然中进行会更有挑战性。你还可以选取尤其能激发你的想象力的音乐片段进行录制。

• 味觉。酸、苦、甜、咸……每一种滋味都在你的舌头上激起不同的感受，尽情享受创造不同味觉体验到的乐趣吧！

2. 孵化阶段。观察你所收集到的材料，倾听内心深处正在萌发的创意。在这个阶段，你需要营造一个安静的环境，不要有任何外在的干扰，科技产品也要避免使用，因为此时它们只会让你分心。不要去搜索任何教程或别人整理出来的创意，而是专注于自己的想法，试着分辨在当下的创作过程中你自己更偏向于走怎样的路线。认真观察你手边的材料，也许你的脑海中已经有一个想法正在形成，而你也会自发地围绕这个想法去收集更多材料。

　　3.灵感迸发阶段。在某一个瞬间，你感到自己的脑海中有一个声音比其他声音都要响亮，所有的能量也在那一刻被唤醒，这就是灵感迸发的瞬间。在众多选择中，你隐约分辨出一个让你心动、让你激动不已的目标。经过前面两个阶段的探索，你在此刻感觉到有一件事情是值得去付诸行动的，也许是想把某个想法变成作品赠送给某个朋友，也许只是单纯地出于兴趣，愿意把时间花在这个能激发你想象力的创新性工作上。

　　4.实现阶段。现在你迎来了从想法走向行动的时刻。这时候，只有想象力已经不够了，你还要用到逻辑思维，从而确定好工作的步骤，以及为了实现你所设立的目标有哪些事情需要完成。在这个阶段，你的创新力和自发性的本能将与现实不断地对抗。你先前所设想的计划并非都切实可行，有时候需要尝试不同的路线，才能抵达你心中的目的地。你的想法在这个阶段有可能被迫做出根本性的改变，但是这一切都是为了推动项目的发展。重要的是千万不要放弃，一定要坚持到最后，完成你的创作，将你的作品与他人分享，同时也要做好接受批评的准备。

学以致用

在我们推荐给你的训练建议中，最核心的目的其实是培养和强化你的一种思维方式——一种在很多情况下都可以发挥有效作用的思维方式。保持活跃的创新思维，并且用我们在这一章中提到的各种"原料"去不断地为它输送营养。上面提到的四个阶段有时候在片刻之间匆匆发生，也有的时候则需要很长的时间。掌握好这种技能，随时做好准备让你的朋友和家人们大吃一惊吧！你会发现，没有一个人会无动于衷。

逻辑思维　这是一种依照逻辑和理性标准、而不仅仅是遵循本能和即时的情绪来做出决定和制订计划的思维方式。逻辑思维会通过权衡每种选择的利弊，从短期、中期和长期的角度来分析每种行动的后果，帮助我们计算出达成目标的最优方案。随着我们的成长，这种思维能力会逐渐得到提升。

- ☑ 解决问题
- ☑ 做出决定
- ☑ 管理压力
- ☑ 有效沟通
- ☑ 网络自律
- ☑ 共情能力
- ☑ 创新思维

推荐的图书及影音清单

解决问题

▶ → 电影《隐形少侠》

外文名：*Il ragazzo invisibile*

科幻片，意大利 – 法国制片

2014 年上映，时长 100 分钟

生活在意大利的里雅斯特（Trieste）的少年米歇尔（Michele）遇到了一件让他非常痛苦的事情：校园霸凌。他急切地想逃离那些恶霸的魔掌。有一天，因为在化装派对上穿了一身奇装异服，米歇尔又被揪着嘲笑了一番。事后，他把自己反锁在洗手间，看着镜子里的自己，大声喊出了自己想要隐身的愿望。这个在他看来可以清除一切烦恼的愿望突然真的变成了现实。这项特异功能让米歇尔可以看到别人的生活，但别人却意识不到他的存在。从此，他开启了超级英雄的生活，成了隐形少侠。

这是一部非常吸引人的影片，讲述了成长过程中的烦恼和挑战，告诉我们该如何应对这些问题。

♫ → 歌曲《晨曦少女》

外文名：*Albachiara*

作者：瓦斯科·罗西（Vasco Rossi）

发行时间：1979 年

少女一个人在房间里，而外面是整个世界。青春期带着它所有的困惑和挑战，猝不及防地闯入了她的生活。这一切该如何应对呢？歌里的女孩还不知道自己该用什么方式去面对这纷繁的世界和生活。一切还不明朗，未来的方向还不清晰，成长的压力如此之大，以至于少女希望自己可以隐身，尽可能不出任何声响。在寻找 100 万个问题的答案的同时，生活还是要继续向前。她走出房间，来到街上，把自己埋进书里，避开所有人的目光……日子还长，给自己一点时间，余生总能找到答案。

□ → 书籍《手斧男孩》

意大利语版书名：*Nelle terre selvagge*

作者：盖瑞·保森（Gary Paulsen）

Piemme-Il Battello a Vapore 出版社

出版地：米兰

出版时间：2016 年

13 岁的主人公布莱恩（Brian）坐上了 406 号飞机，前往加拿大北方找他的爸爸。然而，飞机不幸坠落，片刻之后，幸免于难的布莱恩孤身一人迷失在北方的原始森林里。他毫无防备，从头到脚只有穿在身上的一身衣服，一把妈妈送给他的斧头，还有一个从父母离婚那天起就被他藏在心里的秘密……现在布莱恩没有时间发怒、绝望或自怨自艾。就像田野冈大和一样，他也要用尽自己所有的知识、所有的勇气，在森林里艰难求生。

做出决定

▶ → 电影《天才闪光》

外文名：*Flash of Genius*

导演：马克·亚伯拉罕（Marc Abraham）

传记类影片，美国制片

2008 年上映，时长 119 分钟

影片讲述的是发生在罗伯特·卡恩斯 (Robert Kearns) 身上的真实故事。罗伯特是一名大学教授，课余时间，他发明了一种自动刷除车窗上的雨水的装置——雨刷器。但是这项发明成果却被福特公司窃取。罗伯特面临着一个巨大的两难境地：要么从这家大公司那里拿到一笔可观的补偿费用，永远地放弃对这项发明专利的任何权利；要么就跟对方展开一场实力悬殊的诉讼之战。他最后决定选择后者，没想到这场旷日持久的官司一打就是十年多。坚守自己的决定，对罗伯特来说意味着婚姻陷入危机，生活变得拮据，健康出现问题，还要努力维护孩子们的声誉。到底怎样才算一个好的决定？这部影片可以带给你一些思考。

♫ → 歌曲《生活的使命》

外文名：*Il mestiere della vita*

作者：提杰安若·费洛（Tiziano Ferro）

发行时间：2016 年

这是一首治愈被爱抛弃后的伤痛的歌曲。通过凄美而富有诗意的对话，转身离去的人让留下的人决定生活中到底什么才是最重要的。艺术家告诉我们，"夺走我们翅膀的并不是生活"，而是我们自己的决定和意愿，它们引领着我们一步步走到了今天。因此，我们所做出的每一个决定都应该能够帮助我们朝着自己想要成为的人靠近，我们要鼓足勇气，扬起风帆，朝着心中的目的地前进。

这是一首生命的赞美诗，赞美了生命的韧性，赞美了将命运之舵掌握在自己手中的强大力量。

📖→ 书籍《当怪物来敲门》

意大利语版书名: *Sette minuti dopo la mezzanotte*

作者: 派崔克·奈斯（Patrick Ness）、莎帆·多德（Siobhan Dowd）

Mondadori 出版社

出版地: 米兰

出版时间: 2012 年

康纳·奥马利（Coner O'Malley）13 岁了，自从妈妈生病后，最近几个月以来，他每天晚上被同一个噩梦折磨，"一个被黑夜、风声和尖叫声缠绕着的噩梦"。每天夜里 00：07，噩梦准时开始。然而，有一天夜里，同样是在 00：07，噩梦似乎变成了现实。康纳听到房间窗外有一个声音在叫他的名字，是一棵巨大的紫杉树。这棵树看起来很像一个怪物，茂盛的枝叶拼凑出了一个人的形状。康纳并没有感到害怕，这让怪物觉得很有意思，它坚持说是康纳把它叫过来的。此后的每天夜里，怪物都准时出现在窗外，让康纳听它讲故事。听完三个故事后，康纳必须做出一个重要的决定：要么告诉怪物他的实情，要么被怪物吞噬。

管理压力

♫ → 歌曲《你的路》

外文名：*A modo tuo*

作者：卢西阿诺·利格布（Luciano Ligabue）

发行时间：2015 年

这是由父母写给孩子的一封感人至深的信。看着孩子长大，父母忍不住想：跟孩子的关系以后会变得怎样？他们想到生活将会在孩子成长道路上设下许多挑战：困难、失败、压力、担忧……一样都不会少。父母明明知道，但还是要放手，让孩子去面对挫折，承受那些意想不到的痛苦。当你深爱着一个人，却要在他跌倒时，眼睁睁地看着他挣扎着自己想办法站起来，这绝对不是一件容易的事。这首动听的歌曲，讲述的正是孩子"成长的艰辛"，同时也包含了父母"旁观的艰辛"。

📖 → 书籍《地堡日记》

外文名：*Bunker Diary*

作者：凯文·布鲁克斯（Kevin Brooks）

Piemme 出版社

出版地：米兰

出版时间：2015 年

16 岁的少年莱纳斯（Linus）遭到绑架后，被莫名其妙地关进了一个地堡，同样被关在里面的还有另外四个成人和一个小女孩。那地方是一个没有人能逃得出去的封闭空间，没有窗户，只有每天持续不断的嗡嗡声和一只灯泡。他们并不知道自己为什么被绑架。"上面的人"到底想把他们怎么样呢？五个人每天被几十只摄像头和麦克风盯着，就连上厕所时也不例外。他们必须在无尽的羞辱、精神和肉体的双重暴力还有巨大的压力之中艰难地寻求生存之道。

有效沟通

▶ → 电影《国王的演讲》

外文名：*The King's Speech*

导演：汤姆·霍伯（Tom Hooper）

英国 – 澳大利亚制片

2010 年上映，时长 111 分钟

英国国王乔治六世患有口吃，这让他在与别人交流时感到非常困难。作为国王，这并不是一个单纯的个人问题，因为他不可避免地要在公众面前演讲。乔治因此而深感自卑，觉得自己无法胜任国王的工作。重压之下，他决定向一位言语治疗师求助。这位治疗师的治疗方法极为新颖，他强迫乔治进行一些看起来荒谬可笑的练习。国王一开始非常抗拒，但是日复一日，他和治疗师之间逐渐形成了一种非常紧密的关系。在治疗师的帮助下，乔治成功地在广播中发表了历史上最重要的演讲之一：宣布英国将对纳粹政权宣战，鼓励民众做好准备，共克时艰。国王终于听到了自己内心的声音，学会了如何在这种声音的指引下，与人们进行心灵的沟通。

良好的沟通靠的并不仅仅是技巧，这部影片将这一点展现得淋漓尽致。

♫ → 歌曲《深爱》

外文名：*Un bene dell'anima*

作者：乔万诺迪（Jovanotti）

发行时间：2015 年

这是一首讲述友情的歌曲，更准确地说，它是作者在对一位非常特别的朋友袒露心声。乔万诺迪曾经公开表示，通过这首歌，他想用最有效的方式把所有他想说但又没有说出口的话告诉他的朋友。因此，歌曲一开头就提到，友谊这种珍贵的财富，事实上很难用语言去描述，因此，他试图通过两位好朋友共同经历的简单日常，来诠释什么是真正的友谊。和朋友一起度过的日子，再平凡也会变得独一无二。这首歌曲是一个绝佳的例子，告诉我们什么是沟通，如何用最简单的语言，去描述最了不起的事情。

📖 → 书籍《我说不！》

外文名：*Io dico no!*

作者：丹尼尔·阿里斯塔克（Daniele Aristarco）

Einaudi 出版社

出版地：的里雅斯特

出版时间：2017 年

书中讲到了改变历史的 35 位人物，他们都是名副其实的大人物。希帕蒂亚、马丁·路德·金、甘地、佛朗哥 – 巴萨利亚、马拉拉……他们之中有男性，也有女性，但是都有一个共同点：能够勇敢地站出来，响亮地说"不"。他们敢于表达自己的价值观和理想，首先当然是要求自由。他们中有的为全人类赢得了重要的胜利，也有的不幸输掉了战斗。

网络自律

▶ → 电影《智能陷阱》

外文名：*The social dilemma*

导演：杰夫·奥洛威斯基（Jeff Orlowski）

纪录片，美国制片

2020 年上映，时长 94 分钟

如果负责世界上最重要、使用范围最广的社交网络和搜索引擎的某些程序员突然站出来宣布，多年来由他们开发并投放在市场上的这些软件，有可能危害使用者的健康，那会发生什么事情呢？相信没有人会对这个消息无动于衷，尤其是因为发布消息的是这些最了解计算机系统的人。这部纪录片就像一盆冷水，把我们泼醒，迫使我们睁开双眼，重新审视我们人类与网络和新科技之间的关系。

♫ → 歌曲《自拍小队》

外文名：*L'esercito dei selfie*

创作者：TaKagi & Ketra 组合

主唱：洛伦佐·弗拉格拉（Lorenzo Fragola）、

阿里沙（Arisa）

发行时间：2017 年

这是一首发人深省的歌曲。它让我们反思，如果继续沉浸在手机里，我们很可能丧失对真实生活的兴趣，成为一群行尸走肉。歌曲里，男孩向深爱的女孩倾诉，想让她知道他有多么迷茫和失落，因为女孩每时每刻都在忙着自拍和上网，甚至连一起出去赏月看星星也变成了男孩的噩梦，因为整个晚上她一直在检查手机是不是有网。这样的我们，从本质上来说已经不再是人类，而是"只负责自拍和上网的自拍部队"。而迷失在像素世界里的我们，可能根本都意识不到我们正在失去的一切。

📖 → 书籍《点赞争夺战》

外文名：*La guerra dei like*

作者：阿莱西亚·克鲁西亚尼 (Alessia Cruciani)

Piemme–Il Battello a Vapore 出版社

出版地：米兰

出版时间：2019 年

克里斯蒂安娜·赛塔（Cristiana Saitta）是初三三班的一名学生，她热爱烹饪，梦想是考入斯卡拉剧院芭蕾舞学校，成为一名专业的芭蕾舞者。鲁杰罗·雷塔戈诺（Ruggero Rettagono）跟克里斯蒂安娜在同一所学校，只不过在初三二班。他长得瘦瘦的，很有幽默感，虽然是班级里最矮的，但是每门功课的分数都是班里最高的。对"圣貂"（网名）和她那群留着长头发、穿着名牌衣服的"狗腿子"来说，克里斯蒂安娜犯了原罪，因为学校里最帅的男孩喜欢她，所以她应该受到惩罚。从那以后，克里斯蒂安娜在社交网站上就被叫作"塞塔你给我闭嘴"——肚子比胸大的妖精。而对二班的恶霸们来说，鲁杰罗太聪明、太招老师喜欢了，于是，傲慢的"GTA"（网名）和一帮名叫"触电蓬乱"的网友就给鲁杰罗取了外号"鲁杰罗·大黑猫"——马泰奥蒂中学的扫把星。对克里斯蒂安娜和鲁杰罗来说，学校变成了地狱般的存在，每一条由社交网站推送到手机上的信息都如同一场噩梦。有时候，毁掉别人的生活只需要一瞬间，而帮助他们站起来，则需要全世界的力量。

共情能力

▶ → 电影《超凡的诺曼》

外文名：*Para Norman*

导演：克里斯·巴特勒（Chris Butler）

动作片，美国制片

2012 年上映，时长 92 分钟

诺曼（Norman）是一个孤僻的男孩，平时经常被同学们取笑，不过，从某个方面来说，他是与众不同的，因为他有一个特异功能：能跟鬼魂对话。诺曼所生活的小镇在建立之初曾经烧死过很多女巫，诺曼能看到她们，就连那些最神秘，甚至看起来很恐怖的鬼魂，诺曼都能跟它们交流。因此，他决定做通灵使者，帮助人类和鬼魂沟通。让我们感到恐惧的其实是未知和差异，战胜这种恐惧唯一的办法就是倾听和理解他人。这部影片所讲述的正是这种我们每个人内心都具备的超能力。

♫ → 歌曲《错误日记》

外文名：*Il diario degli errori*

作者：米歇尔·布拉维（Michele Bravi）

发行时间：2017 年

一个年轻人审视自己的内心，分析他在生活中遇到过哪些没能妥善处理的问题，然后写在自己的错误日记里。他突然意识到，几乎在每一段情感关系中，他都只考虑自己，从来没有尝试过把"对方"放到中心位置。回忆起这一切，恐惧朝他袭来，他很怕新的爱情也会走向这种结局。这是谁的责任呢？在这首深刻且发人深省的歌曲中，作者决心彻底地改变视角。他开始把对方放到中心，而不是自己。他不再说"我"，而是"我们"。只有这样，新的爱情故事才能圆满，避免成为错误日记里的又一个新篇章。

书籍《隐形人：一个与霸凌抗争的故事》

意大利语版书名：*Invisibile: Una storia contro ogni bullismo*

作者：埃洛伊·莫雷诺（Eloy Moreno）

Mondadori 出版社

出版地：米兰

出版时间：2019 年

故事的开头，一个男孩背上书包，下了楼梯，朝学校走去。那一天老师布置了数学作业，男孩拒绝把自己做好的作业跟班里的一个恶霸交换。从那一刻开始，他的世界里就充满了各种"妖魔"，而且没有人能看得见，或者说，没有人想要看见。家人、朋友、同学，甚至老师，都无一例外。男孩很想变成他最喜欢的漫画里的超级英雄，他唯一拥有的技能似乎就是隐身。直到有一天，一个跟男孩非常亲近、之前也有过类似经历的人出现了，他决定帮助男孩，不再袖手旁观。

创新思维

▶ → 电影《圣诞发明家》

外文名：*Dickens: L'uomo che inventò il Natale*

导演：贝瑞特·奈鲁利（Bharat Nalluri）

奇幻剧情片，爱尔兰 – 加拿大制片

2017 年上映，时长 140 分钟

你或许已经对英国大作家查尔斯·狄更斯的《圣诞颂歌》有所耳闻，这是他最著名的作品。影片《圣诞发明家》讲述的正是狄更斯创作《圣诞颂歌》的详细经过。写作对于狄更斯来说不仅是一种谋生手段，更是一种表达方式。创新思维有时候是叛逆的，但是狄更斯有足够的耐心。最后，想象力没有辜负他，帮助他创作出世界著名的故事和人物。

♫ → 歌曲《我想给你支持》

外文名：*Ti vorrei sollevare*

作者：艾尔莎（Elisa）、朱利亚诺·圣乔治 (Giuliano Sangiorgi)

发行时间：2009 年

这首歌曲的主角是一对共患难的夫妻。每当身陷疾风暴雨，我们总是很容易失控，不是去求助、去寻求安慰，而是筑起高墙和屏障。歌曲里的两位主人公找到了正确的方式，面对挑战，不去"摧毁"现有的关系，而是"搭建"心灵的桥梁。"我愿意与你乘着纸翼飞翔，一起做梦，一起听拂过的风声，就算遇到颠簸，也说好不躲藏。"这首歌让我们明白，清除阻碍我们抵达彼此内心的障碍是多么重要。

📖→ 书籍《造梦的雨果》

外文名：*La straordinaria invenzione di Hugo Cabret*

作者：布莱恩·塞尔兹尼克（Brian Selznick）

Mondadori 出版社

出版地：米兰

出版时间：2011 年

故事发生在 20 世纪 30 年代。12 岁的雨果·卡布雷（Hugo Cabret）是一个孤儿，他在巴黎蒙帕纳斯火车站里，过着不为人知的秘密生活。雨果的叔叔以修理钟表为生，叔叔去世后，小雨果被迫靠小偷小摸勉强填饱肚子，支撑着他坚持下去的是一个伟大的梦想：爸爸留下来一个无比精妙的机器人，只要修好它，就可以读到爸爸留给他的信息，明白父亲想要告诉他的一切。这本书通过文字和精美的黑白插图，告诉我们一些我们原本以为将永远失去的感情和情愫，在创新力的滋养下，仍然可以在我们心里继续茁壮成长。

致　谢

　　我们向玛尔塔·马扎和萨拉·迪罗萨表示感谢，感谢她们对写作这一项目的大力支持，是她们以极致的专业精神，使整个项目比我们最初的想法更上一层楼。也感谢我们的孩子——雅克波、爱丽丝、皮埃特罗和卡特琳娜，对我们来说，他们就是罗盘的指针，永远指向"生活的目的地"，这也正是我们在这本书里试图讲述的内容。让我们将热烈的掌声献给世界各地所有的青少年，他们虽然经历了新冠肺炎疫情的各种封锁和限制，但是仍然没有停下热爱生活的脚步，没有放弃对未来的渴望。这本书是属于你的，不仅仅是因为你正把它捧在手里，还因为你所表现出来的勇气和韧性，给我们作者提供了无数的灵感。如果想了解我们的动态，请关注我们在 Facebook 和 Instagram 上的主页。如果想给我们写信，请发送到邮箱：barbaratamborini00@gmail.com。

参考书目

Baldi P. L., Educare al ragionamento, Erickson, Trento, 1999.

Bandura A., Autoefficacia : teoria e applicazioni(1997), tr. it. Erickson, Trento, 2018.

Bloomquist M. L., Skills Training for Children with Behavior Disor-ders, Guilford, New York, 1996.

Bonino S., Reffieuna A., Psicologia dello sviluppo e scuola primaria. Dalla conoscenza all'azione(nuova edizione), Giunti, Firenze, 2007.

Dawson P., Guare R., Executive Skills in Children and Adolescents，Guilford, New York, 2004.

Fabio R. A., Pellegatta B., Attività di potenziamento cognitivo, Erickson, Trento, 2005.

Garnett S., Using Brainpower in the Classroom, Routledge, NewYork, 2005.

Meazzini P., L'insegnante di qualità, Giunti, Firenze, 2000.

Sands D., Doll B., Pianificare obiettivie prendere decisioni(2000), tr. it. Vannini, Brescia, 2005.